潜射航行体水下垂直发射过程空泡多相流数值研究

闵景新 著

中国建筑工业出版社

图书在版编目（CIP）数据

潜射航行体水下垂直发射过程空泡多相流数值研究／
闵景新著. —北京：中国建筑工业出版社，2020.6
ISBN 978-7-112-24962-6

Ⅰ.①潜… Ⅱ.①闵… Ⅲ.①潜射导弹-水下发射-
垂直发射-空泡流-多相流-数值-研究 Ⅳ.①TJ762.4

中国版本图书馆 CIP 数据核字（2020）第 041464 号

责任编辑：李笑然　刘婷婷
责任校对：张惠雯

潜射航行体水下垂直发射过程空泡多相流数值研究

闵景新　著

＊

中国建筑工业出版社出版、发行（北京海淀三里河路 9 号）
各地新华书店、建筑书店经销
霸州市顺浩图文科技发展有限公司制版
北京建筑工业印刷厂印刷

＊

开本：787×960 毫米　1/16　印张：7½　字数：146 千字
2020 年 7 月第一版　2020 年 7 月第一次印刷
定价：**36.00** 元
ISBN 978-7-112-24962-6
（35722）

前　言

　　潜射航行体兼有高隐蔽、机动灵活和进攻能力强等特点，备受世界军事大国的关注。空泡流贯穿于潜射航行体水下垂直发射的整个过程，在航行体发射出筒、水下航行和出水阶段都存在空泡对航行体流体动力、载荷及弹道的影响。空泡流是一种复杂的流动问题，包含了非定常、可压缩、相变、湍动等流体力学研究中比较复杂的流动现象，特别是在水下垂直发射过程中的空泡流还涉及环境压力不断变化、航行体和环境流场的相互作用及出水空泡溃灭的强非线性等特点，这给常规试验研究和自编程数值模拟研究带来了很大的挑战。本书基于商业软件平台进行二次开发，发展适合于潜射航行体水下垂直发射空泡流的数值模拟方法，针对潜射航行体水下垂直发射过程不同阶段的空泡流开展了以下的研究工作：

　　（1）基于均质平衡流动理论和动网格技术，建立了潜射航行体水下航行阶段空泡流的数值模拟方法。通过对半球头形航行体水下航行过程的数值模拟，并将数值结果与试验数据进行对比，验证了数值模拟方法的有效性。通过自定义函数耦合航行体运动方程，对存在推力作用情况下的水下航行阶段进行了数值模拟研究，得到了潜射航行体水下航行阶段肩空泡的发展过程及其对航行体流体动力和出水速度的影响规律，证明了通过改进头形的方式可以抑制航行体肩空泡的产生，采用动力发射方式可以提高出水速度。

　　（2）基于均质平衡流动理论，在 Singhal 全空化模型的基础上考虑气相及其可压缩性的影响，提出了气、汽和液三相可压缩质量输运空泡模型，建立了潜射航行体带均压气体出筒阶段空泡流的数值模拟方法，并通过试验数据验证了数值计算方法的有效性，确定了数值模拟方法中不可凝结气核含量的取值。对带均压气体出筒阶段空泡流进行了数值模拟研究，研究了均压气体含量、气体属性、出筒弗劳德数、空化数、航行体尺度等对出筒空泡形态的影响规律。

　　（3）基于 VOF 模型，建立了潜射航行体出水阶段空泡流的数值模拟方法，并与试验数据对比验证了数值模拟方法的有效性。对出水阶段的空泡溃灭过程进行了数值模拟研究，分析了出水空泡溃灭形式及其对航行体流体动力的影响，得到了出水弗劳德数和空化数对出水空泡溃灭载荷的影响规律。

　　（4）基于独立膨胀原理，建立了一种用于计算潜射航行体非定常通气空泡形态的快速计算方法，并运用该方法对非定常通气空泡形态进行了数值模拟研究，得到了发射筒内均压气体含量、通气量、通气位置和航行体加速度等因素对非定常通气空泡的影响规律，提出了控制出水前空泡形态的方法。

目　　录

绪　　论

在现代战争中，潜艇具有隐蔽性好、机动范围大和生命力强三大特点；高速航行体则具有射程远、飞行速度快和命中率高等特点；潜射航行体则兼它们的优势为一体而具有隐蔽、机动和进攻能力强等特点。因此，潜射航行体及水下发射技术一直备受世界军事大国的关注。

潜射航行体水下发射是一项十分复杂的技术难题，美国和苏联从 20 世纪 40 年代末便开始了潜射航行体水下发射技术的研究，直到 20 世纪 60 年代潜射航行体水下发射技术才获得突破，目前也只有俄罗斯、美国、法国等少数几个国家拥有比较成熟的潜射航行体水下发射技术[1]。随着科学技术的发展，现代战争对潜射武器的要求不断提升，潜射航行体向大射程、高精度、强攻击力方向更新换代。然而，与陆基发射航行体不同的是，潜射航行体受潜艇发射筒大小的限制，在保持潜艇发射筒尺寸变化不大的情况下，提高航行体的射程和攻击力，无疑给新一代潜射武器的设计和研制带来很多困难。布拉瓦导弹（又称"圆锤"）是俄罗斯新一代潜射武器，在白杨 M（SS-27）陆基洲际弹道航行体的基础上改进而成，从 2003 年 12 月首次进行水面弹射试验，至 2009 年底，共进行了 12 次飞行试验，其中 7 次失败，2 次部分成功，仅 2 次成功和 1 次完全成功[2]。大量的发射失败也说明了潜射航行体研制并非简单陆基和潜基发射方式的改变，潜射航行体水下发射过程依然存在很多难题，也迫切需要开展水下发射领域的基础研究工作。

潜射航行体经历水下发射的出筒、水下航行、出水三阶段后，进入空中飞行，最后攻击目标。尽管前三阶段时间比较短，但是却经历了一系列复杂的力学环境，也是发射成功与否的关键[3]。航行体水下发射过程具有如下特点：

（1）出筒阶段。从发射筒口薄膜破裂到航行体尾部离开筒口的阶段定义为出筒阶段，在这一阶段筒口薄膜破裂，航行体加速运动，筒内气体、海水与航行体头部相互作用产生较大的载荷；同时，发射筒内均压气体跟随航行体运动，并在航行体肩部形成通气空泡。

（2）水下航行阶段。在水下航行阶段，由于航行体（尤其是在深水发射条件下）承受的环境压力变化比较大，从而导致水下航行阶段空化数变化具有较大跨度，肩空泡可能会经历空泡发展的不同阶段。如果发射筒内的均压气体跟随航行体一起运动，则在航行体肩部形成由水蒸气、均压气体和水组成的三相混合介质空泡。肩空泡的形成势必影响航行体的流体动力，进而改变航行体的弹道和出水速度。

　　（3）出水阶段。航行体出水时，周围流体介质的密度突然大幅下降，作用在航行体上的流体动力急剧变化；若航行体带空泡出水，力学环境会更加复杂，空泡一旦与大气接触将迅速溃灭，空泡内压力瞬间急剧上升，使导弹侧向加速度和俯仰力矩突变，弹体表面受到瞬态冲击载荷，强烈的冲击载荷将引起振动，甚至会导致弹体结构的破坏和内部控制系统的失灵。这一阶段航行体所受的载荷和力学环境最为复杂，如何降低空泡溃灭产生的冲击载荷成为出水阶段的研究重点。

　　空泡流贯穿了潜射航行体发射过程的上述三个阶段，同时又由于水下发射的力学环境十分复杂，空泡多相流场同时具有非定常、湍动等复杂的水动力学特性，对它的数值模拟面临许多困难。尽管前人开展了一些基础性工作，但针对潜射航行体带均压气体出筒空泡、沿轴向重力静压梯度场中的空泡流及出水空泡溃灭方式及载荷等方面仍有很多问题有待解决。因此，建立潜射航行体发射出筒、水下航行及出水阶段的空泡多相流场特性数值计算方法并开展数值研究，认识空泡在潜射航行体发射过程中的负面影响，并提出解决方案具有重要的理论意义和工程价值。

第1章 潜射航行体理论基础

1.1 潜射航行体发射方式简述

潜射航行体根据其发射方式不同可以分为不同类型。按发射装置布置形式主要分为：水平发射和垂直（含倾斜）发射；按航行体在水中所处的状态可分为裸式发射（无运载器）、浸湿发射（注水运载器）和干发射（水密运载器）三种；按航行体发射有无动力可分为有动力发射和无动力发射。不同的发射方式具有其各自的优缺点，可根据航行体设计的需要进行选择。

与水平发射相比较，潜射航行体采用垂直发射具有如下优点：（1）一般采用专用发射装置，可以增加储弹量，也不存在水平发射时与鱼雷争发射管现象。（2）发射无盲区，可实现全方位攻击。（3）航行体垂直发射时，水中行程短，水弹道简单且易控制。而采用鱼雷管发射，由于航行体水平发射，倾斜或垂直出水，因而水中弹道控制难度较大。（4）配置灵活。垂直发射装置可以配置在艇首，也可配置在潜艇两侧。

与运载器发射相比较，无运载器发射具有发射简单，航行体尺寸不受约束等特点而被广泛应用于弹道潜射航行体的发射。

无动力发射方式是指航行体在高压燃气或压缩气体作用下弹射出筒，靠正浮力和弹射提供能量，使之爬升至水面，然后以一定的速度出水。而有动力发射一般以水下火箭发动机作为推进装置，用推力矢量控制进行水弹道控制；其水中运动速度和出水速度较高，适用于高的发射海况；在水中具有机动运动的能力，因而可实现大深度水下发射。两种发射方式相比较可知：（1）无动力发射方式没有尾部火箭发动机的喷射噪声，因而攻击隐蔽性好，可大大提高发射艇的生存力；然而有动力发射方式可以提高发射深度，提高发射速度，缩短水下发射时间，可大大提高航行体的机动能力。（2）与有动力发射方式相比较，无动力发射时航行体结构相对简单，且不存在有动力发射时复杂的推力矢量控制，但是有动力发射时航行体水下运动姿态可控性强，出水姿态控制精确。因此有动力和无动力发射方式各有优缺点。

本书针对水下垂直、不带运载器的裸式发射潜射航行体进行研究。航行体进行发射时，首先在发射筒内注入均压气体，将发射筒内压力调整至周围海水环境压力；然后打开筒盖，在发射筒内航行体尾部迅速注入高压燃气或压缩气体的方式将航行体弹射出筒；航行体穿破筒口薄膜，靠自身的正浮力或尾部固体火箭发动机推力作用上浮至水面，最后航行体穿越水面，点火升空。

1.2　潜射航行体表面空化原理

气液两相流中的"相"是指具有相同成分及物理、化学性质的均匀物质，相与相互不溶解，且具有明显可分辨的界面。根据气液两相流中的流态特点，可以将气泡流分为如下四类：气泡流（bubbly flow）、液滴流（droplet flow）、气块流（slug flow）和分层流（stratified flow）。其中，当气体以颗粒状气泡的形式散布在液体的流动中时称为气泡流，比如啤酒杯中带气泡啤酒的运动；液体以液滴形式散布于气体中的流动称为液滴流，比如带蒸汽空气的运动以及油气混合气的运动等；气块流指气体以大的气块形式存在于液体中的流动，比如潜艇在水下发射鱼雷前，发射孔舱门打开后压缩空气进入海水就可以形成大尺度的气泡；分层流也是一种十分常见的流动，任何带自由面的流动都可以归于这一类，比如水面的流动等。

如果根据介质组合分类，两相流问题可以分为气固、气液和液固三种类型。其中不仅包含了单相流流场所涉及的复杂流动问题，还包含了两相间的相互干扰问题。与气固和液固两相流相比，气液两相流中还存在气泡颗粒变形、破碎、聚合和蒸发过程，因此其复杂程度更高，给试验观察和数值计算都带来很多困难。总体上看，这个领域的研究还远没有达到成熟的阶段，距离建立完整的理论还有很大距离。现有的气液两相流理论中包含了大量的经验公式和模型假设，从一个侧面证明了这个领域的理论还处于发展的初级阶段。

在气液两相流的数值模拟中有三类基本模型：第一类模型将气液两相介质看作一种混合流体，称为单流体模型；第二种气液两相看作相互独立又相互作用的两种流体，称为双流体模型；第三种将气体或液体看作背景流体，而将另外一相看作离散分布于背景流体中的颗粒或粒子，在研究过程中用欧拉观点研究背景流体，用拉格朗日观点追踪颗粒相的运动，称为欧拉-拉格朗日模型。相对于欧拉-拉格朗日模型，又将前面两种模型，即单流体和双流体模型，统称为欧拉-欧拉模型。

气液两相流计算中常用的模型包括离散相模型（Discrete Phase Model，DPM）、混合物模型（Mixture Model）、欧拉模型（Eulerian Model）、VOF 模型（Volume of Fluids）、Level-Set 模型等。

离散相模型主要用于气泡颗粒和液体流计算。这个模型假设气泡或液滴（后面统称为颗粒）的体积不能过大，而且大体上均匀分布于连续相中，即颗粒的局部体积浓度比要小于 10%。离散相模型属于欧拉-拉格朗日模型。在计算气泡粒子流流时，液滴是连续相，气泡是离散相。首先通过连续相的计算获得流场的速度、湍流动能等信息，然后再在拉格朗日坐标下对单个气泡的轨迹积分，在考虑液滴在连续相场中的受力和湍流扩散等物理过程后，最终可以得到单个液滴的轨迹。因为湍流计算是在统计平均概念下进行的，计算中获得的湍流流场也是平均意义上的流场，所以实际上计算中是无法完全准确地再现湍流流场的，因此单个气泡轨迹的计算没有实际意义，只有计算大量的气泡轨迹获得气泡运动的统计规律才有实际意义。离散相模型就是通过大量气泡颗粒的计算模拟大量气泡的运动。

混合物模型和欧拉模型都属于欧拉-欧拉模型范畴。这两种模型都将计算中的相作为共存于同一空间中的流体进行计算。不同的是混合物模型通常计算两种流体相，而欧拉模型则可以将不同的相作为组分进行处理并分别建立方程进行求解，因而可以计算多种不同流体的流场。VOF 模型和 Level-Set 模型都属于界面追踪模型，主要用于带自由界面问题的计算。VOF 模型用流体的体积比函数判断追踪流体界面。Level-Set 方法在 1988 年由 Osher 提出，主要思想是将分层流的边界面作为追踪函数的零等值面，并在计算中始终保持为零等值面的方法追踪边界面位置。

潜射航行体在水下高速运动时，在航行体肩部（头部与弹身连接处）压力会因绕流的作用而降低。当压力降至水的饱和蒸汽压力时，弹体表面的水就将产生相变，由液体变为汽体，此现象称为空化现象。如果速度足够高，生成的空泡向后发展，将在航行体表面形成包裹部分航行体的局部空泡——肩空泡。

航行体肩部是否发生空化，通常由其表面是否存在适宜空化区来决定，该区域是航行体表面压力最低的部位。通常根据无空化流动中物体表面压力系数 C_p 的分布来预示适宜空化区的范围，C_p 可表示为：

$$C_p = \frac{p - p_\infty}{\frac{1}{2}\rho V_\infty^2} \tag{1-1}$$

式中，p_∞ 为当地深度无穷远处环境静压；p 为航行体表面压力；V_∞ 为航行体运动速度；ρ 为水的密度。由于空化区的产生与水的饱和蒸汽压力直接相关，所以一般用空化数 σ 衡量流动的空化性质：

$$\sigma = \frac{p_\infty - p_v}{\frac{1}{2}\rho V_\infty^2} \tag{1-2}$$

式中，p_v 为水的饱和蒸汽压强。发射过程中，航行体环境静压是其所处水深的函数。发射过程中深度一直在变化，因此航行体环境静压 p_∞ 随着航行体深度的变化而不断变化。这是潜射航行体表面空化区别于造船、超空泡鱼雷、水利等表面空化不同之处。

在航行体表面满足关系 $C_p < -\sigma$ 的区域都是适宜空化区。显然，当航行体越接近水面（p_∞ 越小）、发射时速度越高（V_∞ 越大），$-\sigma$ 也就越大，则航行体肩部越容易产生空化，空化覆盖的范围也越大。

在航行体头部产生的空泡与周围的水进行掺混，使流场变得复杂，这种复杂的掺混流场是噪声辐射的主要来源。由于潜射航行体是一次性使用，通常也不用声学原理导航，所以我们主要关心肩空泡对潜射航行体水下运动的影响。由于航行体表面生成为自然空泡时，空泡内的汽体压力为海水的饱和蒸汽压力 P_v，因此，一旦航行体的肩部形成自然空化势必改变航行体弹头、弹肩的局部压力分布（图 1-1），从而改变航行体流体动力参数。如果空化只是初生状态，形成的空泡还比较小，空泡对航行体流体动力产生影响还很有限；而当航行体表面空泡发展到一定尺度，空泡覆盖航行体表面比较大，则需要考虑空泡对航行体阻力、升力和力矩的影响，进而修正航行水下弹道、出水速度和出水姿态角。

出筒后航行体将经历水下航行段，无动力潜射航行体依靠惯性和自身的正浮力作用下向水面运动。在此过程中，航行体的浮心在重心之前，浮力将对重心产生一个稳定力矩，对于水动力引起的俯仰力矩的干扰，此力矩会自动对航行体姿态予以修正，使航行体保持垂直上浮。而潜射航行体表面肩空泡因环境压力不断变化而具有瞬态性，空泡发展到一定程度也可能会产生脱落等现象，这将导致航行体所受的流体动力具有不稳定性。若航行体发射速度足够高，航行体前端肩空泡不断发展并与尾部气泡相连而形成超空泡。此时，航行体所受的浮力消失，对于倾斜运动的航行体将产生一个不可忽略的附加力矩。

在接近水面时，高速度运动的航行体也易产生空泡。航行体穿越水面时，由于介质的突变，其力学环境急剧变化，附连质量、浮力、阻力迅速下降，航行体急剧变速。若航行体携带空泡出水（图 1-2），力学环境会更加复杂，空泡一旦与大气接触将迅速溃灭，空泡内压力瞬间急剧上升，使导弹侧向加速度和俯仰力矩突变，弹体表面受到瞬态冲击载荷，强烈的冲击载荷将引起的振动，甚至会导

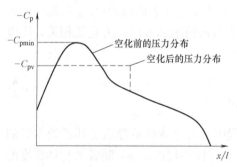

图 1-1　空化前后航行体头部压力分布

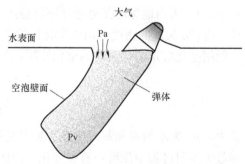

图 1-2　空泡与大气相连

致弹体结构的破坏和内部控制系统的失灵。若航行体出水时无空泡，则侧向加速度与俯仰力矩变化比较平缓。航行体出水后，附连水质量脱落，航行体离开水面，完全进入空中飞行阶段，而在附连质量脱落的瞬间，航行体的受力会发生突变。目前，国内对航行体出水过程的研究仍以试验为主，其流体力学方面的作用机理尚未认识清楚[4]。

1.3　国内外研究现状

正因为航行体表面空化存在如上所述复杂的物理现象，了解潜射航行体表面空泡所表现的力学性能，提出抑制与控制航行体表面空泡的方法就成为工程中十分关心的问题。下面侧重本书的研究内容，从试验研究和数值模拟两个方面介绍国内外研究工作的发展现状。

1.3.1　潜射航行体表面空泡生成及出水溃灭试验研究进展

由于潜射航行体在出筒（入水）、水下航行及出水运动过程中涉及空气、海水、水蒸气的相互作用，自由界面和非定常空泡流等复杂力学问题，潜射航行体工程研制过程中需要经过流体动力试验、水下弹道试验、载荷试验等测试试验[3]。

为了解决潜射航行体水下发射的技术问题，美、苏、法等国都进行了大量的试验研究。例如，美国为了解决北极星导弹的水下发射问题，曾进行了一系列尺度和各种状态的试验；采用1：20、1：10及1：5等缩比模型进行了数以千计的模拟试验；并用全尺寸模型进行水下固定发射试验、舰船运动模拟发射试验以及潜艇水下发射试验等。从这些研究工作中足可以看出试验研究在潜射航行体研制过程中的重要性。

潜射航行体主要试验方式有：水洞/风洞流体动力试验、振动结构强度试验、水池缩比模型模拟发射试验及潜艇全尺度模型发射试验[3]。由于潜射航行体应用对象的特殊性，公开试验的相关文献比较少[5]，下面从水洞试验相关研究领域介绍潜射航行体表面空泡流及其流体动力试验的相关研究进展。

早期，人们对空化的认识主要来自于旋转机械。托里切利等人首先在旋转机械流动中观察到空化现象，Reynolds（1873）则采用通气的方式在试验室中研究了空化对高速运动螺旋桨的影响，Parsons（1893）和 Barnaby（1897）第一次用全尺度试验方法研究了空泡对物体表面的腐蚀效应。他们的研究发现，叶片的蒸汽泡会降低螺旋桨的推进力，并带来其他很多负面影响，如叶片表面的侵蚀、船体压力波动和振动、声能辐射、叶片振荡等。叶片附近蒸汽泡的溃灭是造成空蚀的主要原因，产生的压力可以达到几千帕。Akihisa K 等人[6] 用高速摄像观察了二维水翼上空泡团的溃灭过程后认为，空泡团内部压力波的传播速度（声速）低于环境中的速度，这造成了环境压力升高时有激波传入空泡区内，在激波波前的高压造成蒸汽泡溃灭。激波过后产生的低压又使新的气泡重新产生。

　　水下发射高速航行体肩部会形成空泡，空泡的产生与溃灭对航行体的流体动力、弹道和载荷有一定的影响，特别是航行体出水时，肩部空泡瞬间溃灭产生强烈的冲击载荷。在常规的水洞和水池中难于完整的观测到这些物理现象，而进行大尺度水下发射试验成本太高，同时又由于众所周知的原因，因此，有关潜射航行体表面空泡生成与溃灭公开的文献不多，水下航行体表面空泡的相关试验研究有一定的借鉴作用。

　　自 20 世纪 60 年代以来，Silberman 等人[7] 和 Song[8] 对非定常空泡进行了研究，研究了云状空泡和通气空泡的振荡变化规律，发现当通气流量较小时，随着流量的增加空泡压力线性增大而空化数线性减小；一旦空泡数减小到某个特定的临界值时，进一步加大通气量，空泡数基本保持不变，且空泡开始振荡。Arakeri[9] 用可视化纹影技术试验研究了轴对称体的空泡绕流现象，得出了粘性对光滑物体表面空泡流脱体点位置的影响。Franc 和 Michel[10-11] 采用试验方法研究了定常空泡和非定常空泡与边界层的关系。Kubota 等人[12] 运用 LDV 和条件采样技术对水翼非定常空泡绕流进行测量，确定了云雾空泡中心存在许多小球泡状空泡的集中涡。Hart 等人[13] 试验观察了三维摆动水翼上空泡，得到水翼摆动情况下的空泡变化规律。Ceccio 用电阻探针观测了附着空泡表面动态。Le 等人[14-15] 对局部空泡内压力分布、空泡脱落、空泡闭合区附近压力脉动等进行了测试。Stutz 和 Reboud[16] 运用 LDV 和光学传感器对文丘里管中的片状空泡两相流结构进行了测量研究。Kawanami 等人[17-19] 应用水下测声仪和高速摄影技术研究并提出云雾状空泡的回射流是局部空泡脱落的原因，测量了水翼上导边处片空泡周期性脱落的云雾状空泡的尺度和脱落频率，提出了一种测量片空泡体积和估算蒸发率的方法，并发现片空泡越厚，表面蒸发率越大。Wilczynski[20] 在空化水洞中对绕 NACA 水翼的空泡流进行研究，记录并分析了与各种不同形式空泡流下的压力波动。Laberteaux 等人[21] 使用粒子图像测速仪（PIV）对空泡尾部闭合区的流场进行了研究，结果表明空泡尾端位置波动、非定常性明显，并发展了一种多帧 PIV 系统以揭示空泡闭合区的非定常过程。Dular 等人[22] 用 PIV 结合 LIF 的方法测量了水翼空泡的瞬时和平均速度及蒸汽体积分数。Pham 等人[23] 将高速摄像、脉动压力测量和表面电子探针结合来研究云雾空泡的非定常特性。Kjeldsen 和 Arndt[24] 运用傅立叶频谱分析方法（Joint Time Frequency Analysis）研究了片空泡和云雾状空泡的动力学特征。Sakoda 等人[25] 用透明水翼和高速摄像详细研究了二维水翼上云雾空泡的产生机理，发现回射流可以在空泡拉长过程的任何时刻产生，甚至一个周期可以产生两次回射流。上游回射流的速度低于下游回射流，且速度几乎仅取决于所产生的位置。采用空泡表面速度和最大空泡长度进行无量纲化后，空泡振荡周期为常数。Sato 和 Shimojo[26] 通过高速摄像对喷管中的非定常空泡云脱落进行了详细的观察，试验结果表明：导边泡在分离区的溃灭阻断了从上游边界层来涡的连续供应和分离剪切层中微小涡空泡的形成。

国内关于自然空泡和通气空泡相关领域也有大量的研究。邓华[27] 也通过水洞试验研究了非定常空泡的特性。罗金玲等人[28] 在空化水洞中对潜射导弹肩空化进行了试验研究，指出肩空化的出现将改变导弹的流体动力。张军等人[29-30] 采用 PIV 技术对钝头回转体垂及斜出水流场进行了测量，揭示了出水过程中流动结构及其演变，展示了 PIV 技术对具有矫态历程特征的出水流场研究的适应性。刘桦等人[31] 对轴对称细长体在不同空化数、不同攻角条件下肩空泡形态特征进行了水洞试验研究，并建立了细长体在不同攻角条件下的空化数和空泡形态特征的工程计算公式。谢正桐等人[32-34] 针对零攻角、小攻角轴对称细长体的自然空泡和通气空泡进行了较为细致的试验研究，分析了空泡形态和流体动力之间的关系，并将自然空化的空泡形态结果与通气空泡结果进行了对比验证。王海斌等人[35-36] 利用中速通气空泡水洞研究了通气超空泡的形态特性，给出了通气量和弗劳德数对空泡长度的影响结果。贾力平[37-38] 在中速通气空泡水洞中开展了空化器参数对通气空泡形态影响的研究，研究表明空化器直径和空化器线形都会对通气超空泡形态特性的阻力特性产生显著影响。顾建农等人[39] 研究了三种典型头形在不同空化数下轴对称体上通气空泡的几何特征以及相对应的阻力特性，分析了通气系数对轴对称体空泡特征与阻力的影响。王国玉等人[40] 采用 PIV 技术来观测超空泡流，发现在空化区域，两相流混合物的速度比自由流速度低很多，而在蒸汽区域的速度接近于自由流速度。

纵观潜射航行体自然空泡及通气空泡领域的试验研究，可以看出，国内外针对空泡领域的研究比较多，但是有关潜射航行体表面空泡领域的试验研究公开的文献比较少，关于垂直重力场中的空泡的生成、发展与溃灭的试验研究相对更少。

1.3.2　潜射航行体表面空泡生成及出水溃灭数值研究进展

空泡流的数值研究目前主要分为两类数值方法[41]：第一类为从空泡界面出发而提出的界面追踪方法。界面追踪方法中认为空泡内是连续的气（汽）体，气相和液相之间存在清晰的界面。假设了空泡内压力恒定且等于液体的饱和蒸汽压力，这种假设的合理性也得到了试验的验证[42]。同时忽略了空泡内密度较小的气相的影响，只求解液体的控制方程。计算时首先给定气液界面的初始值，然后根据界面上的运动学及动力学边界条件，迭代并确定空泡界面的最终值。由于空泡截面汽水掺混，特别是空泡尾部存在强烈的回射非定常性，此类方法在应对非定常问题、初生空泡、雾状空泡等研究时存在困难。

基于界面追踪法代表性的数值方法为边界元法，基于边界元型方法求解势流研究空泡问题可追溯到 Rankine[43] 的工作。Reichardt 和 Munzner[44] 最先尝试用分布源汇的方法解决轴对称空泡流问题。由于空泡脱体点具有奇性或不连续性，分布点源的方法导致数值不稳定，通常采用直接分布面源和 Green 函数法来解决。Lemonnier 和 Rowe[45] 对局部空泡二维和三维水翼绕流空泡进行了计算[46]，Uhlman[47-48] 采用类似的方法对水翼绕流局部空泡和超空泡进行了计算。Doctors[49] 基于势流线性理论处理绕水翼的二维超空泡，在剖面中线上分布 Kelvin 源和汇。Kinnas 等人[50] 应用 Green 函数法计算了水翼绕流局部空泡和超空泡。De Lange[51]、Brewer[52]、Kinnas 等人[53] 对边界元法进行了一定的拓展，开展了应用于定常空泡流、粘性影响、回射流空泡等的研究。Dang 和 Kuiper[54] 应用回射流模型，采用面元法计算了二维水翼局部空泡绕流问题。面元法是在空泡面上应用 Dirichlet 运动学边界条件，而在回射流截面和水翼湿面部分（非空泡部分）采用 Neumann 边界条件。Boulon 和 Chanine[55] 采用三维边界元法数值模拟水翼非定常空泡流。该方法基本思路为：在无空泡流场中检查物面上压力，当 $p < p_v$ 时，这部分表面变得自由并且移动，即这部分物体表面成为附着在物面上的空泡；然后空泡面以上液相速度做 Lagrange 运动。与前人不同的是，此方法可模拟空泡初生和发展，计算不再依赖于给定的空泡脱体点和空泡长度。

在轴对称回转体非定常空泡理论研究方面，Logvinovich 提出了一种简单而实用的非定常超空泡的计算理论——空泡截面独立膨胀原理，并且该方法在非稳态空泡研究方法中占有重要的地位[56]。Reichardt 在射流试验中发现了空泡各横截面独立膨胀的性质，并对其进行了量化描述[57]。尽管独立扩张原理不能被严格地证明[58]，但是该数值方法的仿真结果已经被许多空泡流的试验所验证。独立膨胀原理被广泛地应用于非定常和非定常空泡流问题的求解，例如，变速运动航行体表面空泡形状和空化器作小曲率曲线运动时表面空泡问题[58]、垂直空泡流形状问题[59-60]、通气超空泡的形态、通气规律及空泡稳定性方面[61-67]。独立性原理同样也被用于平面空泡流研究[68]；Pellone 和 Franc 等人基于 Logvinovich 独立性原理建立了一套用于二维非定常空泡计算的简单数学模型[69]。Acosta[70] 采用数值模拟方法探索研究了沿轴线重力场中定常空泡形态。Basharova 等人[61] 基于细长体空泡理论求解了沿轴向重力方向的超空化问题。在荷兰召开的第六届国际空泡会议上，乌克兰流体动力研究所的 Savchenko 和 Semenenko 等人[71] 在所提交的论文里详细介绍了目前他们根据 G. V. Logvinovich 的空泡截面独立膨胀原理开发的部分程序，例如 SCAC、STAB、PULSE 和 ACAV 等程序。该系列程序可方便地计算空泡部分重要特征，可以为空泡航行体设计人员提供极大的方便，但是目前这些程序还未公开使用。

第二类方法为以全流场的雷诺平均 Navier-Stokes（RANS）方程为研究对象的两相（可扩展至多相）流法，在该模型里，假设汽体与液体之间具有相同的压力，并且液相和汽相之间可以相互转换，把整个流场中的流动介质看作均质的密度可变的单相流体，通过求解流场汽相和液相的体积分数得到汽液界面的位置和形状。这种模型主要用于模拟非定常空泡流、粘性影响、湍流影响等，避免了边界元型方法中对空泡脱体点、脱体角、闭合模型等的严格限制，不要求特别对待空泡尾部，能直接推广到三维问题。通过求解全流场 RANS 方程为研究对象的数值方法又可分为：流体体积（VOF）方法和均质平衡流模型（HEM）方法。

流体体积（VOF）方法把气液两相（或多相）独立地看待，认为各相流体之间没有互相贯穿，通过定义"空隙率"α 来表示每一点上气液两相所占的比例，当 $0<\alpha<1$ 时，为两相之间的界面；VOF 方法是一种在固定网格下的界面捕捉方法，被广泛应用于两种或多种互不相融流体间（如水和空气）的交界面问题的求解，如潜射航行体出水过程的自由表面流及大蒸汽泡的流动。如果两相之间存在质量转换关系，还需要增加相之间的质量输运方程。经过多年的发展，VOF 方法已经发展了系列成熟的算法，主要有：SOLA-VOF[72]、NASA-VOF2D[73]、NASA-VOF3D[74]、RIPPLE[75]、FLOW3D[76]、SURFER[77]等。Markatos 等人[78] 用这种方法进行了空泡流模拟。胡影影等人[79-80] 基于 VOF 方法对半无限长柱体出水自由液面及水翼表面空化等进行了研究。

均质平衡流模型（HEM）方法忽略了各相之间的滑移速度，认为整个流场各相之间具有相同的压强和速度，把整个流场看成可变密度的单一流质（气液混合物）组成进行求解，因此只有气液混合物一组偏微分方程来控制流体运动和状态。该方法主要用于粘性空泡流的数值模拟[81-83]，通过求解 RANS 方程、混合相密度状态方程、湍流方程及空泡质量输运方程进行封闭求解。在均质平衡流模型中求解空泡气液界面的方法又分为状态方程法和质量输运法：一类模型根据指定的状态方程确定混合物密度，密度通常为压力和温度的函数；另一类基于质量输运方程来表征汽化和凝结过程的源项来模拟汽、水之间的质量传递，模型的不同主要体现在源项表达式的差异上。

Delannoy 和 Kueny[84]、Hoeijmakers[85] 提出了采用正压状态方程的方法来计算汽液混合物的密度场，即流场等温变化且流体密度只与压力有关。Chen 和 Heister[86] 假设汽体和液体不可压，汽液混合物用时间和压力为变量的密度微分方程来模拟流场的密度。Shin 等人[87-89] 分别采用 Tammann 液体状态方程[90] 和理想气体状态方程来计算液体和汽体的密度，然后利用体积含汽率得到混合物的密度。Coutier 等人[91-92] 分别采用 Tait 液体状态方程[93] 和忽略温度影响的理想气体状态方程来计算液体和汽体的密度，采用以压力为变量的密度微分方程来计算混合物的密度。Song 和 He[94-95] 采用忽略温度影响的理想气体状态方程计算汽体密度，采用以压力为变量的密度微分方程来计算液体密度，采用五阶多项式来模拟过渡区混合物密度的变化。当流动中存在显著的温度变化时，必须考虑温度对密度的影响，因此 Edwards 等人[96] 和 Ventikos 等人[97] 均采用求解能量方程的方法获得温度分布，然后分别采用求解 Sanchez-Lacombe 状态方程和查水-水蒸气密度表的方法计算混合物的密度场。

近年来，质量输运方法在空泡流数值计算中得到了蓬勃的发展，这种模型通过求解含汽（或液）率的输运方程直接获得含汽（液）率，进而求得混合物的密度。这种方法的优点是考虑了汽液两相之间的质量输运时变过程，因此可以更好地模拟空泡流的非定常特性。Kubota 等人[98] 将混合物的密度变化与气泡的运动学结合，在运动入口处给定汽泡的数密度，假设气泡是球形的，汽泡的变化满足 Rayleigh-Plesset 方程，通过求解 Rayleigh-Plesset 方程得到发展气泡的半径，进而求得体积含汽率和混合物的密度。目前这种方法已经被推广，并一次为基础发展了一系列空化质量输运方程[99]。Merkled[100]、Kunz[101] 和 Singhal[102] 等人分别提出了各自的质量输运方程，但是它们的形式基本相似，不同在于输运方程中代表汽化和液化过程的源项的表达式有所不同。源项中都包含经验常数，这些常数大多是通过数值试验得到的。Senocak[103] 研究了各种空泡模型的优缺点，并建立了一种基于界面动力学的空泡模型，但界面速度的确定是该空化模型主要难点。

国内魏海鹏等人[104] 采用 Singhal 空化模型[102]，在不考虑重力场情况下，对潜射导弹表面稳态空泡进行了数值模拟研究，给出非凝结气体和空化数对导弹流体动力的影响。胡影影等人[105] 基于 VOF 多相流模型对半无限长柱体出水进行了数值模拟，研究了弗劳德数和韦伯数对自由液面的影响，并指出了当弗劳德数大于 4.5 时，弗劳德数对自由液面的影响可忽略不计。Ding Li 等人[106] 则采用均匀平衡多相流模型数值研究了水下鱼雷的发射过程；曹嘉怡[107] 和刘筠乔等人[108] 基于均值平衡流模型和动网格技术求解 RANS 方程，对水下导弹垂直出筒过程的轴对称通气为尾空泡和前端通气肩空泡流场进行了计算，得出空泡的内部结构和发展过程。

与自然空泡相比，通气超空泡流动具有一些新的特性，首先通气空泡流动中的流动介质为两相、三组分，两相即气相和液相，三组分即空气、水蒸气和水；其次，水蒸气和水之间还存在相变过程，水蒸气和空气都具有一定的可压缩性，这使得通气空泡的模拟比较困难，随着计算流体力学的发展，近几年来才有少数学者对该问题进行了深入研究，并以均质平衡流动理论为基础，建立了考虑非凝结气体影响的基于输运方程的模型。Kunz 等人[109] 在之前提出的模型基础上，进一步考虑了通气气体可压缩性的影响，建立了适用于通气空泡数值模拟的输运模型。Singhal 等人[110] 提出的模型认为水和水蒸气的密度是恒定的，而气体的密度随压力变化，即部分考虑了气体可压缩性的影响。Owis 等人[111] 提出的模型认为三种组分的密度均随压力和焓而变化的，既考虑了可压缩性对三种组分的影响。Yuan 等人[112] 提出的模型假定三种组分的密度都是恒定的，这种模型的特殊之处在于连续性方程的表达方式有所不同。

　　如果进一步考虑自由液面的影响，潜射航行体带空泡流出水过程具有强非线性和瞬态性，给出水空泡溃灭研究带来了一系列难题。因为空泡在出水时与大气相连，空泡内的压力产生强烈变化，同时海平面还存在波浪的影响[113]。至今有关溃灭时的载荷、溃灭形式的影响因素还是一个难题，有关方面的研究还不深入，主要处于探索阶段。程载斌等人[114] 基于 LS-DYNA 对潜射导弹从发射至出水过程的水动力进行计算与分析，由于计算时没有考虑航行体表面自然空化时水与水蒸气之间的质量输运关系，因此文中的空泡流也是一个等效的空泡，文中也没有提及出水时空泡溃灭对流体动力的影响。易淑群等人[115] 用 Mac 方法模拟了锥柱组合体在出水过程中的流场，定性地给出了空泡、自由面的发展变化过程以及空泡周围的压力场和速度场。由于该方法的局限性，计算也只能对出水过程空泡溃灭形式进行定性的分析。刘乐华等人[116] 基于 VOF 模型对潜射导弹出水两相流进行了数值研究，追踪了出水过程自由液面的变化。胡影影等人[105] 采用了类似的方法对半无限长柱体出水流场进行了数值模拟。李杰等人[117] 采用有限体积法，基于 VOF 模型对自由液面的变化进行追踪，对重力影响下的细长回转体出水过程的非定常流场进行了数值模拟，结果表明细长体出水过程自由液面的变化与头形有关，而与尾部关系不大。杨晓光[5] 基于 Fluent VOF 多相流模型，研究了波浪潜射航行体出水姿态及流体动力的影响，结果表明：波浪对潜射航行体作用受波浪传播方向、航行体出水相位、出水角度、出水速度等因素影响，呈现一定随机性。

　　纵观国内外的试验与数值研究，可以看出，尽管近年来国内外针对空泡流开展大量的研究工作，但是关于垂直重力场的稳态及非稳态空泡流、出水空泡溃灭形势及载荷大小的研究还比较少，仍需要深入的研究。同时又由于研究问题的复杂性，采用单一的势流理论或 RANS 方程求解的方法来建立一套完整有效的潜射航行体表面空泡流生成至出水溃灭的研究方法还是有一定的难度。势流理论精度有限，而 RANS 方程求解又需要消耗大量计算量和内存；因此，针对潜射航行体发射过程各阶段表面空泡流的特点，发挥 RANS 方程求解方法和势流理论在空泡流研究中的各自优势，建立航行体发射过程各阶段表面空泡流的数值研究方法，开展水下发射过程空泡多相流数值研究，并认识水下发射过程空泡流对潜射航行体流体动力及结构强度的影响，具有重要的理论意义和广泛工程应用价值。

1.3.3　潜射航行体表面微气泡减阻流研究进展

为了更好地控制潜射航行体表面气体分布，降低出水空泡溃灭可能带来的强非线性冲击载荷，在航行体表面通入增压微气泡颗粒，对有效控制航行体表面空泡规模、减少水下航行体运动阻力、增加水下发射深度和隐蔽性具有重要意义。以下将从微气泡运动规律、微气泡聚合与破裂、航行体运动边界方面介绍研究现状。

1. 近壁面微气泡运动规律

关于近壁面微气泡运动规律，以前多集中准静态模型边界层微气泡的速度分布与颗粒密度分布及其对减阻性能的影响规律[118-119]。Audrey 等人[120] 在《Nature Materials》发表研究论文指出，如何将微气泡吸附在物体壁面附近，是微气泡减阻研究的关键，也就是微气泡减阻技术研究的最终归宿。微气泡颗粒聚集在物体表面，降低边界层内流体的密度和粘性，改变边界层的流场分布，从而大幅降低物体表面的粘性阻力。

McCormick（1973）等人[121] 便在试验室证实了微气泡的减阻可行性，他们在回转体上缠绕铜线作为阴极，通过电解作用产生氢气泡，进行微气泡减阻试验。试验模型长 914.4mm、最大直径为 127mm、最大直径位于前沿 274.3mm 处，试验速度为 0.3m/s 至 2.6m/s。由于模型形状和其表面缠绕导线的影响，流动很容易发生分离，且回转体表面存在压力梯度和边界层分离现象，很难将表面摩擦阻力和形状阻力分离，给减阻的机理分析带来了困难。研究发现：减阻率的大小依赖于回转体绕流速度、电流强度、缠绕铜线匝数及位置等因素。随着回转体速度的增加而减小，随着电流强度的增强而增大，在低速时，阻力降低可以达到 30%～40%。但受当时技术水平的限制，限制了对微气泡减阻机理的认识。

1974～1976 年，苏联的 Migirenko 和 Evseev（1974），Dubnischev、Evseev、Sobolev 和 Utkin（1975），Bodevich 和 Evseev（1976），Bogdevich 和 Malyuga（1976）[122-125] 团队针对孔径为 1～50μm 的多孔板进行了微气泡减阻的试验研究，气体渗透多孔板形成的微气泡进入近壁面湍流边界层。研究结果发现：减阻效果与通气孔大小密切相关，最佳减阻效果时的孔径为 1～3μm；当通气孔径为 50～100μm 时，通气几乎没有减阻作用；同时，他们还对气泡体积浓度在距壁面分布进行了研究，研究结果发现 0.1～0.2 倍边界层厚度处取得最大含气率值（约 80%），在边界层外和近壁区气泡体积浓度几乎为零；在开始阶段，减阻效果随喷气量的增大而增大，但当通气量达到饱和后，再增大通气量对减阻效果影响不大；局部摩擦阻力的减阻率在喷气口的紧后方达到最大值，约为 90%，随着距喷气口距离的增加，局部减阻率下降，直到失去减阻效果。

随着水下热线热膜和 PIV 测试技术的应用和数值方法的发展，近壁面微气泡运行形式得出新的认识。Sanders[126]、Elbing[127]、Murai 等人[128] 采用 PIV 和热线热膜测试技术研究微气泡近壁面运动规律，发现高雷诺数 10^8 情况下，随着流场速度的增加，在准静态模型表面局部减阻率迅速降低。其中 Elbing 在美国海军的大型循环水槽中做了一系列平板微气泡减阻试验（试验模型如图 1-3 所示），以研究大尺度和高雷诺数下湍流边界层中摩擦阻力的减阻现象。气体从平板上的开缝注入零压力梯度的平板湍流边界层中，可以观察到两个不同的减阻现象：气泡减阻和气层减阻。气泡减阻试验结果表明：仅在注气口下游的几米范围内可以获得较大的减阻率（>25%）；用多孔板代替开缝注入气体，减阻效果能有微小的改善；气泡减阻受表面张力影响不大；且注气口下游的气泡大小也与表面张力无关；在注气口处，气泡减阻不受边界层厚度的影响。气层减阻试验结果表明：气体减阻存在三个不同的区域：区域一，气泡减阻；区域二，气泡减阻和气层减阻之间的转变；区域三，气层减阻。一旦形成气层减阻，表面光滑的模型摩擦阻力减阻率在来流速度 15.3m/s 时，可超过 80%；形成气层减阻所需的通气量差不多和来流速度的平方成正比；如果表面张力减小，形成气层减阻所需的通气量则稍有增加；表面粗糙的模型，在来流速度 12.5m/s 时可以形成稳定的气层（但所需的通气量几乎增加了 50%）。

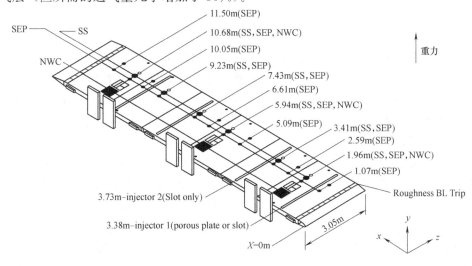

图 1-3　气泡及气层减阻试验模型

Takahashi 等人[129] 试验研究了大尺度（50m 长）、高速度（7m/s）、高雷诺数（108）情况下平板微气泡减阻问题，获得了 13% 的减阻效果，并发现随着微气泡向远离通气口位置运动，微气泡呈现三维方向运动，并远离边界层方向运动，导致减阻性能的降低。

蔡金琦[130]、杨素珍等人[131] 在 80 年代率先开展了气泡气膜减阻技术试验研究，1998 年完成吨货船应用薄层气膜减阻技术的试验研究。

林黎明等人[132] 应用 PHOENICS 计算软件对平板的微气泡减阻进行了数值模拟。计算中，采用微气泡修正的 K-ε 湍流模型，考虑了重力、相间升力、阻力、虚质量力及相间压力的影响，在来流速度 4m/s、初始气泡体积浓度 0.3 时，计算了直径为 $100\mu m$ 的微气泡对平板湍流边界层的影响。

王家楣、曹春燕等人[133] 针对二维平底型近似船模（模型及计算域如图 1-4 所示），从船首底部喷气生成微气泡，在不同来流雷诺数和不同微气泡浓度下进行了微气泡减阻的数值计算，研究发现：减阻率与来流雷诺数有关，来流雷诺数越高，对减阻越不利；壁面边界层内局部微气泡浓度越大，减阻效果越好；提

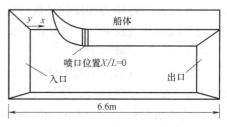

图 1-4　计算模型及计算域

高并保持气泡在入气口下游的边界层内的浓度是提高减阻效果的重要因素。

吴乘胜、何术龙[134] 对回转体的微气泡减阻进行了数值模拟。计算中，将气泡流作为混合物的流动，考虑了气泡与水的相对运动。计算气泡直径、喷气速度及来流速度对回转体周围微气泡的分布和阻力的影响，研究发现，微气泡直径较小时（10^{-5}m 量级），气泡能够均匀地附着在模型的表面，减阻效果比较好；增加喷气速度可以提高模型表面附近的空隙率，从而摩擦阻力降低得更多；来流速度较高时，可以使微气泡在模型表面附近更集中，从而模型附近空隙率越大，使得摩擦阻力的降低幅值越大；总阻力的减阻率最大可达到 50%，而摩擦阻力的减阻率最大则达到了 80%；可见使用微气泡的减阻效果是非常明显的，关键是能够生成足够小的气泡并使之附着在模型表面附近，以获得较高空隙率。

日本的 SR329 全尺度试验是首个全尺度实船微气泡减阻试验[135]。试验结果显示，许多通气条件下，在螺旋桨转速一定下，船速没有增加，也就是说，通气没有达到减阻的目的，但个别工况下，相同船速下，螺旋桨的推力减小，也就是具有减阻效果。而且，通气效果较好的对应的通气量不是最大通气量。部分传感器显示，通气后，船体某些局部区域，摩擦阻力增加。船底表面的空化传感器监视表明，含气率最高的区域分布在距船体表面 5~10mm 处，也就是说船底表面和气层之间还有一层缝隙。而 NMRI 的拖曳水池平板试验使用了两套空气注射管道，结果测得最大空化分布的位置都与平板底部表面非常接近，获得了摩擦阻力 15%~18%减小 [Kodama et al.（2002b），Kato et al.（2003）]。因此质疑，

全尺度实船试验，摩擦阻力没有减小的原因是气泡层和船体表面之间存在间隙。

王家楣[136]、郭峰[137]、陈显龙[138]、李勇[139]、王炳亮[140] 等人针对准静态模型研究，研究了边界层气体含气率分布对微气泡减阻率影响的规律。

从上面的研究可以看出，目前研究主要集中在准静边界条件下近壁面微气泡的运动规律、含气率分布与减阻率上，而对存在边界运动及环境压力不断变化情况下固体壁界面与气泡及水界面作用的研究还存在不足。

2. 气泡动力学-聚合与破裂

在最近的一次微气泡减阻水洞模型试验中，Murai 等人[119] 发现边界层内微气泡颗粒的频繁碰撞聚合破裂，在微气泡入口的下游形成不同直径的气泡颗粒。微气泡直径改变势必改变水流场与微气泡界面相间作用力和混合相的密度及粘性，改变边界层的流场速度和湍流强度，影响微气泡减阻率。Sanders 等人[126] 同样研究了边界层微气泡聚合破裂机理，模型试验研究发现，当气泡颗粒平均直径增加 30%，微气泡颗粒数将减少约 50%～80%；随着大直径气泡颗粒数目的增加，小直径气泡颗粒数目将相应地减少；同时，若大直径气泡颗粒数目减少，则小直径气泡颗粒数目将相应的增加，该方法也可应用于微气泡颗粒的生成技术。Kunz 等人[141-142] 研究了微气泡碰撞时间、分裂频率、聚合破裂相间阻力和非阻力项对微气泡规律的影响。

Mohanarangam 等人[143] 研究了微气泡聚合破裂对边界速度分布的影响，发现微气泡平均直径的变化，改变边界层速度分布，影响微气泡减阻性能。以上研究没有从边界运动及水流场耦合作用的角度，分析气泡的聚合与破裂、通气参数、流场参数及模型参数与气泡减阻性能之间的关系。微气泡在边界层的运动规律及其动力学特点与通气参数和流场参数有着密切的关系。随着通气量的增加，边界层内微气泡聚合占优，形成附着模型壁面的薄气层，可实现 20% 以上的静减阻率[144-146]。王家楣针对气层进行了数值与试验研究，获 25% 的高减阻效果，同时指出，提高通气速度能增加模型壁面含气率，但减阻性能反而降低。随来流速度增大，气层在水流场的作用下可重新破碎为微气泡。张郑[147] 针对低速肥大船型建立了数值计算模型，对准静态船舶模型进行了数值研究，并分析了微气泡在底覆盖及逃逸情况，发现在合理的通气速度下，该模型可以获得良好的减阻效果。丁力[148] 研究了气泡减阻饱和通气量问题。

杨鹏[149] 对比研究了二维、三维近似高速滑行艇模型的静水和耐波运动下微气泡流场三维分布、气泡逃逸方式及微气泡减阻规律。研究结果表明，耐波运动船舶近壁面微气泡动力学及其运动规律与静水航行时存在较大的差异，原有边界层将发生改变，驱动微气泡运动轨迹改变，进而影响微气泡聚合破裂及船舶表面微气泡分布。

　　密西根大学 Ceccio 等人发表在《Annual Review of Fluid Mechanics》的文章指出,研究认识边界运动下的气泡运动及其动力学规律,探索有效维持气泡在边界层运动是解决气泡减阻问题的关键。

　　2004 年,Kato 等人[150] 针对 116m 长、17.8m 宽 Suiun-Maru 船舶,进行了一系列的气泡减阻船海洋试航,研究了微气泡在实船应用中的减阻效果。发现微气泡静减阻效果远低于试验室测试所能达到的减阻率,综合考虑通气所消耗的能量,减阻效果更低。Kodama 等人指出,微气泡减阻效果受航行船舶振荡和螺旋桨的推力效率却因微气泡的吸入而降低,微气泡减阻船总的能量消耗并没有减小。Kumagai 等人[151] 在 2007 年的试航中,通过对船型及供气方式进行改进,最终获得了 11% 的减阻效果。

3. 微气泡聚合破裂与微气泡-水-动边界耦合数值模拟

　　水流场与微气泡、气层和气穴相间作用力存在的差距,需要不同的数学方程来描述。微气泡颗粒弥散在模型的边界层流场中,每个微气泡颗粒与水流场均存在界面,大量的微气泡颗粒聚合可能形成气层,但气穴通常需要空腔封闭气体,形成具有单一明确的气水界面[152-153]。微气泡减阻数学问题的描述中气泡颗粒与水流场之间的作用力模型,同时还需要考虑微气泡聚合微气层和气层分裂为气泡的输运过程。

　　Madavan 等人[154] 首次将气泡和水流场简化为均质单相混合介质,在不考虑气泡的聚合与分裂的情况下,假设气泡和水相混合介质的粘性和密度为各相体积分数的函数关系,建立含有微气泡的边界层方程,通过求解混合介质的 RANS 方程和简化的混合长度湍流模型研究了微气泡减阻机理问题。

　　宋保维[155] 采用类似的方法在国内率先开展了微气泡减阻数值研究,研究了边界微气泡分布与减阻率之间的关系。Ferrante 和 Elghobash 等人[21-22] 提出了采用欧拉-拉格朗日相结合的方式,基于欧拉描述建立流体的运动,而采用拉格朗日描述的方法研究微气泡课题的运动,同时考虑了微气泡与流体之间的相互作用,采用了高精度的 DNS 数值方法模拟了小尺度、低雷诺数、低含气率问题的微气泡减阻性能,得到了边界层内的各相组成结构和微气泡的运动形式。但是,该数值方法基于拉格朗日方法描述了流场中单个微气泡的运动过程,消耗的计算量大,特别是高雷诺数流动情况,需更密集的边界层网格,所需的计算量将更大。

　　曹春燕[156] 基于欧拉-欧拉两相流模型,考虑气泡粒子与水相之间的阻力、升力及虚质量力模型,采用 PHOENICS 软件求解器进行数值求解,进行了气泡减阻数值计算。

　　Takahashi 等人[157] 提出并使用基于欧拉-欧拉两相流,结合气水界面质量输运关系的气泡聚合与分裂模型,描述了微气泡减阻多相流场,数值研究了直径为 9mm 的细长管道微气泡减阻问题。kunz 等人[142] 在 Takahashi 研究工作的基础上，引入了气泡流体边界面气泡数密度守恒，建立了不同气泡颗粒间的输运方程，将微气泡以统计平均的方式，平均化微气泡输运关系[158-161]，针对二维平板问题，研究了气泡聚合与分裂的微气泡减阻性能的影响，研究结果表明，微气泡的聚合与分裂影响微气泡减阻性，数值模拟过程不能忽略。欧拉-欧拉法认为：（1）气泡颗粒和水流体看成两种流体，这些流体存在于同一空间并相互渗透；（2）气泡颗粒群与流体有相互作用，并且可考虑颗粒与颗粒之间相互作用；（3）各颗粒相在空间中有连续的速度、温度及体积分数分布。该数值方法分别求解微气泡相和流体相的动量方程，因此可有效地解决微气泡数值模拟中的大含气率和高雷诺数问题。

王妍[162] 基于欧拉-欧拉两相流，考虑气泡颗粒和水流场之间的相互作用及船舶边界耐波运动情况下，数值研究了典型船长波长比下微气泡减阻问题，发现船舶运动对气泡运动与减阻性能具有显著影响。

从上述研究进展来看，目前数值模拟研究主要从微气泡与水流场、考虑气泡聚合破裂的气水流场及动边界下的气水流场耦合作用方面来研究微气泡减阻，割裂了边界运动过程同时存在气泡聚合破裂、微气泡-水-动边界固三相相互作用关系，不能从机理上揭示潜射航行体运动环境下的水流场和微气泡作用关系。

1.4　潜射航行发射过程中存在的几个问题

本节简要介绍潜射航行体发射过程中存在的几个问题：数学建模问题、试验问题和空泡形态控制问题。

1.4.1　数学建模问题

空泡流是一种复杂的流动问题，不仅涉及水下航行体复杂的湍流问题，存在液体的相变过程（包括汽化和液化），而潜射航行体发射过程还存在气、汽和液三相流和复杂的非定常边界条件，这些影响空泡流数值计算的收敛性和准确性，给潜射航行体表面空泡流的数值模拟研究带来了很大的挑战。

空泡流通常同时具有非定常、可压缩、相变、湍动、液面变化、脱落及溃灭等流体力学研究中比较复杂的流动现象，同时潜射航行体发射过程存在复杂的力学环境，如：（1）航行体发射出筒时，发射筒内存在均压气体、适配器和弹筒之间的存在缝隙影响，航行体模型和发射筒之间相对位置不断变化，这些非定常的边界对航行体出筒载荷和空泡都具有影响；（2）水深的变化造成尾喷管背压不断地变化，从而也使得推力和流体动力呈现非定常性；（3）航行体发射过程还受各种海洋潮流、水深引起的静压载荷、动压载荷、艇速的影响，进而影响航行体的水下运动弹道，甚至对航行体的结构产生破坏；（4）当航行体接近水面时，数值模拟需要捕捉空泡壁面的变化；（5）特别是航行体出水的过程中，航行体一部分处于空气中，一部分处于水中，若航行体表面存在空泡，则此过程涉及两相交界，气、汽和液掺混效应，空泡内汽相瞬间的溃灭呈现出强非线性，出水空泡溃灭数学模型的建立至今依然是一个难点。

空泡流数值模拟主要基于界面追踪和全流场的雷诺平均方法进行求解，界面追踪具有速度快、占用计算资源少等优势，然而因没有考虑流体的粘性的影响，与实际物理模型之间还有差距；基于全流场的雷诺平均数值方法具有可以考虑流场的粘性、湍动、质量输运等优势，与物理模型更接近，但是该方法有计算量大、周期长等缺点。因此，针对上述潜射航行体复杂的发射力学环境，难于建立一个理论模型描述各种主要流动现象，通常是根据发射过程和流场的特点进行分段处理，并结合数值计算硬件条件选择合适的计算方法。

1.4.2　试验问题

在潜射航行体发射过程空泡流研究中，试验工作占有核心位置。但潜射航行体表面空泡的试验有许多特殊的困难，包括：

（1）静压梯度场的实现：潜射航行体发射过程中，航行体表面环境静压力呈梯度变化，大小随着水深的变化不断变化，因此常规水洞试验难于模拟静压梯度场及其变化过程，通常需要采用缩比模型水下发射方式进行模拟试验。

（2）空泡流的非定常性：潜射航行体表面空泡现象是一个非常复杂的多相流与航行体运动相互耦合的问题。发射筒内均压气体的运动、空泡尾部闭合位置、出水空泡溃灭方式和溃灭点位置都具有不稳定性，因此试验结果分散度很大，需反复试验才能得到可靠的结果。

（3）试验测试技术：发射试验涉及压力、动响应、速度、时间、空泡形态等物理量的测试。水下发射试验和陆基发射试验不同，海水的固有特性限制了试验所需的测量手段。光学、无线电、雷达等各种测量设备在水下环境的安装和使用会受到很大限制，这就给获取试验数据带来一定困难；水下又是个复杂的环境，海水的成分、温度、生物和海洋噪声等都会缩短观测设备的作用距离并降低测量精度，水的压力和腐蚀等因素对试验和被试验设备的设计提出了特殊要求。

（4）各相似准则量级差别大，其中空化数的量级最低，雷诺数量级最高，导致试验的几何尺度与运动参数的匹配存在很大困难。

要解决以上困难，必须建立大型水下发射平台及所需的相关各种大型水下设施。并且，因水下设施的规模大、研制和建造周期很长，且投资很高等特点。美法等军事强国针对潜射航行体水下发射试验建设了一系列大型试验设施，如：发射水池、水下发射潜艇、水下高速摄像、水下靶场等专业设施。因水下发射试起点高，常规机构难于承担高昂的试验费用，这也制约了潜射航行体水下发射试验技术的发展。

1.4.3　空泡形态控制问题

潜射航行体发射过程包含空泡从生成、发展至溃灭的整个周期，并且航行体发射过程中空泡形态不断变化，给航行体的流体动力和弹道稳定性均带来一定负面影响，特别是当航行体带空泡出水时，空泡溃灭对航行体表面产生强烈的冲击载荷，影响结构强度。因此，如何生成稳定可控的出水空泡，降低航行体出水时产生的冲击载荷，是水下航行体设计的关键。但是影响空泡稳定性的因素非常多，除了海洋中的洋流和潜艇所带来的牵连运动外，空泡尾部泄气方式和泄气率、回注射流、通气率、通气压力、通气角度方向等都将影响空泡的形态。同时由于航行体上升过程，环境压力不断变化，这也影响航行体表面空泡形态稳定。

为了控制航行体表面空泡形态，通常有抑制空泡产生和通气空泡两种方式。抑制空泡产生是指通过改变航行体外形设计或在流场中掺加多聚物等方式来减少空泡产生的一种空泡形态控制方法。由于潜射航行体设计还需要考虑空气中的飞行，单纯依靠外形设计的改进抑制空化还存在一定的困难，而依靠掺加多聚物的方式又太复杂，故该方法目前主要用于螺旋桨设计。另外一种控制空泡形态的方式就是在已生成空泡内继续通入气体，通过控制通入气体速度、压力、温度和通气角度等方法控制航行体运动过程表面空泡形态。

当采用通气方式控制航行体空泡形态时，空泡闭合位置及空泡自激振荡依然是流体力学中相对比较困难的问题。航行体与空泡闭合区域的气体泄漏机理非常复杂，并且受到多种因素的影响，诸如：（1）空泡扰动：空泡的上浮、波动变形、自由边界的自然分解、闭合位置的径向速度等；（2）弹体参数：闭合位置处的形状、表面粗糙度、振动问题等；（3）闭合条件：流动自由边界角度，液体和气体射流，改变表面张力和流体粘性的特殊附加物等均存在一定程度的影响。

1.4.4　潜射航行体减阻技术概述

到目前为止，主要的减阻技术有仿生非光滑表面减阻、聚合物减阻、微气泡减阻、涂层减阻等。而在众多的减阻技术中，非光滑表面减阻技术被认为是最有前途的减阻方法之一。因此广大学者对非光滑表面减阻技术进行了深入的研究。1967 年乌克兰基辅水动力学研究所的摩科洛夫首先提出了 Riblets 这一科学名词，并提出了条纹沟槽表面降低水流动阻力。其后并于 1970 年与萨夫钦科进行了粘性流体沿着条纹沟槽流动的试验与理论研究，取得了明显的减阻效果。20世纪 60 年代，美国 NASA 兰利研究中心的 Walsh 及其合作者最先开展了沟槽平板湍流减阻的研究[163-165]，取得了约 8% 的减阻，并将该项减阻技术用于飞机表面，获得了脊状表面约为 6％的减阻，自此打破了平面越光滑越减阻的这一传统观念。为进一步探求沟槽的最大减阻率，广大学者对沟槽结构进行优化，Berchert 等人采用油槽对 V 形油槽进行测量，得到 8.2％的减阻量[166]。此后，又对原有沟槽优化得到刀刃形沟槽及喷射状狭长切口复合形结构，并得到了约为 9％的减阻量[167]。日前为止，该项技术已开始进入工程测试阶段。空中客车将 A320 试验机表面积约 70％贴上条纹沟槽薄膜，达到了节油 1％～2％的效果。NASA 兰利研究中心也开展了类似的研究，并在飞行试验上获得了脊状表面约为 6％的减阻。国内对于沟槽表面减阻的研究开始于 20 世纪 90 年代初。李育斌等人在具有湍流流动的表面的 1∶12 运七飞机原型全金属模型上粘贴条纹膜，试验表明可以获得减少飞机阻力的 5％～8％[168]。西北工业大学的宋保维等人完成的纵向脊状表面水洞及风洞试验得到了约为 6％的减阻[169]。西北工业大学的石秀华等人通过对沟槽表面进行水槽试验，得到了约为 10％的减阻[170]，此外还通过有限差分法进行数值模拟，并得到约为 11％的减阻[171]。西北工业大学的王柯进行的不同类型的沟槽的数值模拟，很好地验证了沟槽的减阻效果[172]。北京航空航天大学的王晋军等人在纵向脊状表面测力及流场的试验中获得了局部阻力约为 13％～26％的减少量[173]，并对沟槽面边界层减阻特性等进行了研究[174]。西安交通大学宫武旗等人进行的纵向脊状表面风洞试验也获得了约为 7％的减阻[175]。国内对沟槽结构减阻展开研究的主要学校有西北工业大学、北京航空航天大学等人[176-178]。

目前，对于沟槽减阻技术主要分为垂直于流向的沟槽（横向分布）以及沿流向分布的沟槽（纵向分布），而沟槽的形状也有很多种，主要有 V 形、U 形、半圆形、矩形、刀刃形等。

1.5 本书的主要研究内容

本书以贯穿潜射航行体垂直发射过程的空泡多相流为研究对象，建立潜射航行体水下垂直发射空泡流的数值模拟方法，并针对潜射航行体水下垂直发射过程不同阶段的空泡流开展数值研究工作。具体内容如下：

（1）基于均质平衡流动理论和动网格技术，建立了潜射航行体水下航行阶段空泡流的数值模拟方法。详细介绍潜射航行体水下航行阶段空泡流边界运动与汽水流场的流-固耦合问题的数值模拟方法，包括：全流场数值模拟所采用的控制方程、数值求解方法和航行体边界运动所涉及的动网格技术。通过对半球头形航行体水下航行过程的数值模拟，并将数值结果与试验数据进行对比，验证了数值模拟方法的有效性。通过自定义函数耦合航行体运动方程，对存在推力作用情况下的水下航行阶段进行了数值模拟研究，得到了潜射航行体水下航行阶段肩空泡的发展过程及其对航行体流体动力和出水速度的影响规律，证明了通过改进头形的方式可以抑制航行体肩空泡的产生，采用有动力发射方式可以提高出水速度。

（2）基于均质平衡流动理论，在 Singhal 全空化模型的基础上考虑气相及其可压缩性的影响，提出了气、汽和液三相可压缩质量输运空泡模型，建立了潜射航行体带均压气体出筒阶段空泡流的数值模拟方法，并通过试验数据验证了数值计算方法的有效性，确定了数值模拟方法中不可凝结气核含量的取值。分析了不可凝结气体含量对出筒空泡形态的影响，并将计算结果与试验数据对比验证，确定了数值模拟过程不可凝结气体含量的选取。通过对带均压气体出筒空泡的研究，分析出筒空泡内部结构和空泡内压力分布；获得了均压气体含量、气体属性、出筒弗劳德数、空化数、航行体尺度等对出筒空泡形态的影响规律。

（3）基于 VOF 模型，建立了潜射航行体出水阶段空泡流的数值模拟方法，并与试验数据对比验证了数值模拟方法的有效性。对出水阶段的空泡溃灭过程进行了数值模拟研究，分析了出水空泡溃灭形式及其对航行体流体动力的影响，得到了出水弗劳德数和空化数对出水空泡溃灭载荷的影响规律。

（4）通气空泡形态控制研究。基于独立膨胀原理，发展了一种用于计算潜射航行体非定常通气空泡形态快速计算的方法。数值模拟研究了筒内均压气体、通气量、通气位置和航行体加速度等因素对航行体非定常空泡形态的影响，提出控制出水前空泡大小的方法，并针对文中的计算模型进行了通气量设计。

第 2 章 潜射航行体水下航行
阶段空泡流的数值模拟研究

2.1 引 言

在绪论中已经知道空泡流研究主要有基于界面追踪和两相流法，本章基于两相流中的均质平衡两相流法，结合动网格技术，针对潜射航行体上升过程表面空泡流开展数值研究，建立重力影响下潜射航行体表面自然空泡的数值研究方法。

均质平衡流认为整个流场由可变密度的单一流体介质组成，流场中每一点的密度在环境水密度和蒸汽密度之间变化。相应的控制方程组从求解全流场雷诺平均 Navier-Stokes（RANS）方程入手。由于流场密度可变，需要补充汽液之间的输运方程以使方程组封闭。同时，潜射航行体发射后上升过程环境压力不断变化，为了能在数值上描述航行体运动过程环境压力的变化，需要采用动网格技术，即采用弹体边界运动、流场静止的方法进行模拟工作。

本章首先介绍并建立了具体的自然空泡数学模型和控制方程系统，包括连续性方程、RANS 方程、湍流模型等；然后，对重力影响下的潜射航行体上升过程进行了数值模拟，研究了表面空泡对流体动力的影响；最后对比分析了发射深度和推重比等对航行体弹道和流体动力的影响。

2.2 数 学 模 型

2.2.1 主要控制方程

一般形式的雷诺输运方程，针对变量 ϕ 的输运方程可表示为：

$$\frac{\partial(\rho\phi)}{\partial t} + \nabla \cdot (\rho\phi\vec{u}) = \nabla \cdot (\Gamma\nabla\phi) + S_\phi \tag{2-1}$$

其中，∇ 为哈密顿算子，t 为时间，ρ 为密度，$\vec{u}$ 为速度矢量，变量 ϕ 是任意强度变量，即与控制体积大小和控制质量无关的物理量（如：速度、比焓等），也即单位质量的广延物理量（如：质量、动量、能量等）。方程左边第一项 $\frac{\partial(\rho\phi)}{\partial t}$ 为非定常项；左边第二项 $\nabla \cdot (\rho\phi\vec{u})$ 为对流项；方程右边第一项 $\nabla \cdot (\Gamma\nabla\phi)$ 为扩散项，其中，Γ 为变量 ϕ 的扩散系数，因守恒方程具体形式的不同而不同；右边第二项 S_ϕ 为具体守恒方程所不同的源项。

由于均质平衡流认为流场为变密度的单一流体介质组成，令式（2-1）中 $\phi=1$，则得微分形式的混合物的质量守恒方程（连续性方程）：

$$\frac{\partial \rho}{\partial t}+\nabla \cdot (\overrightarrow{\rho u})=0 \tag{2-2}$$

令 $\phi=\vec{u}$，即 ϕ 为速度矢量 $\vec{u}$，则可得混合物的动量方程：

$$\frac{\partial}{\partial t}(\overrightarrow{\rho u})+\nabla \cdot (\overrightarrow{\rho u u})=-\nabla P+\nabla \cdot \tau_{ij}+\rho \vec{b} \tag{2-3}$$

其中剪切粘性力定义为：

$$\tau_{ij}=\mu \left[\left(\frac{\partial u_i}{\partial x_j}+\frac{\partial u_j}{\partial x_i}\right)-\frac{2}{3}\delta_{ij}\frac{\partial u_k}{\partial x_k}\right] \tag{2-4}$$

令 $\phi=h$，即 ϕ 为比焓 h，则可得混合物的能量方程：

$$\frac{\partial (\rho h)}{\partial t}+\nabla \cdot (\rho \vec{u} h)=\nabla \cdot (k \nabla T)+2\mu S:S-\frac{2}{3}\mu \nabla \cdot (\vec{u})^2+\frac{\mathrm{d}p}{\mathrm{d}t}+\rho q \tag{2-5}$$

式中，$\vec{u}$ 为混合物平均速度：$\vec{u}=\dfrac{\sum\limits_{k=1}^{n}\alpha_k \rho_k \vec{u}_k}{\rho}$；$\rho$ 为混合物密度：$\rho=\sum\limits_{k=1}^{n}\alpha_k \rho_k$；$\alpha_k$ 为第 k 相的体积分数，并且满足 $\sum\limits_{k=1}^{n}\alpha_k=1$；$\mu$ 为混合物粘性：$\mu=\sum\limits_{k=1}^{n}\alpha_k \mu_k$；$\vec{u}_k$、$\rho_k$ 和 μ_k 分别为第 k 相的速度、密度和粘性。T 为绝对温度；S 为二阶应变率张量，定义如式（2-6）所示；$S:S$ 为 S 的二次缩并；q 为单位时间内传入单位质量的热分布函数。

$$S_{ij}=\frac{\partial u_i}{\partial x_j}+\frac{\partial u_j}{\partial x_i} \tag{2-6}$$

2.2.2　湍流模型与选择

湍流流动是一种随机的非线性运动，目前尚无完善的理论模型。近年来，随着高速计算机的发展，通常建立湍流理论模型在计算机上进行数值模拟并与试验结果进行比较，使得对湍流的研究取得了高速的发展。湍流流动的瞬时速度场同样遵循 N-S 方程，也就是说给定初值和边界条件原则上可以进行直接模拟（DNS）。但是当雷诺数比较大时，大小涡旋的尺度迅速增加，所需的计算量急剧增加。到目前为止，只有适当雷诺数以下的简单流体的 DNS 计算可以进行，而复杂的高雷诺数流场的 DNS 计算则超出了目前的计算能力[179]。

传统上将湍流分解为平均流动和脉动运动两部分，其中脉动运动是不规则的随机运动。工程上更关心的是湍流的平均量和一些与平均运动有关系的脉动运动的统计性质，而对脉动运动的具体细节并不关心；以此为出发点，通过求解全流场时均化 N-S 方程，发展了 Reynolds 平均法对湍流运动进行理论和数值分析。Reynolds 平均法仅可以避免 DNS 方法的计算量大的问题，而且对工程实际应用可以取得很好的效果。Reynolds 平均法是目前使用最为广泛的湍流数值模拟方法之一[180]。

大涡模拟方法则是介于直接数值模拟（DNS）和上述方法之间的一种湍流数值模拟方法，其基本思想可以概括为：用瞬时的 N-S 方程直接模拟湍流中的大尺度涡，不直接模拟小尺度涡，而小涡对大涡的影响通过近似的模型来考虑。大涡模拟方法对计算机内存及 CPU 的速度要求仍比较高，但低于 DNS 方法。随着计算机硬件条件的快速提高，对大涡模拟方法的研究与应用呈明显上升趋势，成为目前 CFD 领域的热点之一。

1. 标准 k-ε 模型

高湍流是空泡流的一个重要特征，它与空化生成、脱落及溃灭等过程所表现出来的非定常性相互影响，使得空泡流的数值模拟变的十分复杂。随着计算机和 CFD 的发展，包含湍流模型的空泡流数值模拟工作近年来已变成现实[181-182]，有效的湍流模式建立也成为解决工程实际问题重要的方法。所谓湍流模式理论或湍流模型，就是以 Reynolds 平均运动方程与脉动运动方程为基础，依靠理论与经验的结合，引进一系列模型假设，而建立起来的一组描写湍流平均量的封闭方程组的理论计算方法。

标准 k-ε 模型[183] 是目前使用最广泛的湍流模型。在关于湍动能 k 的方程的基础上，再引入一个关于湍动耗散率 ε 的方程，便形成了标准 k-ε 模型。在模型中，表示湍动耗散率的 ε 定义为：

$$\varepsilon = \frac{\mu}{\rho} \overline{\left(\frac{\partial u_i'}{\partial x_k}\right)\left(\frac{\partial u_i'}{\partial x_k}\right)} \tag{2-7}$$

湍动能 k 定义为：

$$k = \frac{\overline{u_i' u_i'}}{2} \tag{2-8}$$

标准 k-ε 模型输运方程如下：

$$\frac{\partial}{\partial t}(\rho k) + \frac{\partial}{\partial x_i}(\rho k u_i) = \frac{\partial}{\partial x_j}\left[\left(\mu + \frac{\mu_t}{\sigma_k}\right)\frac{\partial k}{\partial x_j}\right] + G_k + G_b - \rho\varepsilon - Y_m \tag{2-9}$$

$$\frac{\partial}{\partial t}(\rho\varepsilon) + \frac{\partial}{\partial x_i}(\rho\varepsilon u_i) = \frac{\partial}{\partial x_j}\left[\left(\mu + \frac{\mu_t}{\sigma_\varepsilon}\right)\frac{\partial\varepsilon}{\partial x_j}\right] + C_{\varepsilon1}\frac{\varepsilon}{k}(G_k + C_{3\varepsilon}G_b) - C_{\varepsilon2}\rho\frac{\varepsilon^2}{k}$$

$$\tag{2-10}$$

式中，G_k 为因平均速度的梯度所产生的湍动能，$G_k = \mu_t \left(\dfrac{\partial u_i}{\partial x_j} + \dfrac{\partial u_j}{\partial x_i} \right) \dfrac{\partial u_i}{\partial x_j}$；$G_b$ 为浮力产生的湍流能项；Y_m 为在可压缩湍流流动中，振荡膨胀对耗散率的贡献；σ_k、σ_ε 为 k 和 ε 的湍流普朗特数取为 $\sigma_k = 1.0$、$\sigma_\varepsilon = 1.3$；湍流粘性通过湍动能 k 和耗散率 ε 计算得出：

$$\mu_t = \rho C_\mu \frac{k^2}{\varepsilon} \tag{2-11}$$

经验常数分别取为：$C_{\varepsilon 1} = 1.44$、$C_{\varepsilon 2} = 1.92$、$C_\mu = 0.09$。经验常数的确定主要是根据一些特殊条件下的试验结果而确定的。其中经验常数 $C_{\varepsilon 1}$、$C_{\varepsilon 2}$ 对计算结果影响比较大，例如 $C_{\varepsilon 1}$ 或 $C_{\varepsilon 2}$ 变化 5% 时，对射流喷射率的影响可达 20%；因此，常数的数值对于 k-ε 模型的适应性与准确性有重要影响，并且根据特殊情形下的试验结果而得出的经验常数的适应性仍然具有一定的适用范围。近年来，k-ε 模型已被广泛地用以边界层流动、管内流动、剪切流动、平面倾斜冲击流动、有回流的流动及三维边界层流动等数值计算，并取得了相当的成功。但是，不能对前面给出常数值的适用性估计过高，在数值计算过程中针对特定的问题，寻找更合理的取值。

　　本章是针对高雷诺数充分发展的湍流流动建立的，当雷诺数比较低时，例如在近壁区内的流动，湍流发展并不充分，湍流的脉动影响可能不如分子粘性的影响大，在更贴近壁面的底层内，流动可能处于层流状态。因此，对于近壁区及低雷诺数时的流动计算问题，可以采用壁面函数法或者低雷诺数的 k-ε 模型。在标准 k-ε 模型中，对于雷诺应力的各个分量，假定粘度系数 μ_t 是各向同性的标量，而在弯曲流线的情况下，湍流是各向异性的，μ_t 应该是各向异性的张量。因此在用于强旋流、弯曲壁面流动或弯曲流线流动时，标准 k-ε 模型会产生一定的失真，需要对模型进行修正。

2. RNG k-ε 模型

RNG k-ε 模型是由 Yakhot 及 Orzag 在文献 [184] 中提出将非稳态 N-S 方程对一个平衡态作 Gauss 统计展开，并用脉动频谱的波数段作滤波的方法推导出的一种高雷诺数 k-ε 模型：

$$\frac{\partial}{\partial t}(\rho k) + \frac{\partial}{\partial x_i}(\rho k u_i) = \frac{\partial}{\partial x_j}\left[\alpha_k (\mu + \mu_t) \frac{\partial k}{\partial x_j} \right] + G_k + G_b + \rho \varepsilon - Y_m \tag{2-12}$$

$$\frac{\partial}{\partial t}(\rho \varepsilon) + \frac{\partial}{\partial x_i}(\rho \varepsilon u_i) = \frac{\partial}{\partial x_j}\left[\alpha_\varepsilon (\mu + \mu_t) \frac{\partial \varepsilon}{\partial x_j} \right] + C_{\varepsilon 1}^* \frac{\varepsilon}{k}(G_k + C_{3\varepsilon} G_b) - C_{2\varepsilon} \rho \frac{\varepsilon^2}{k} - R_\varepsilon$$

$$\tag{2-13}$$

式中，G_k 为因平均速度的梯度所产生的湍动能；G_b 为浮力产生湍流能项；Y_m

为可压缩湍流流动中，振荡膨胀对耗散率的贡献；α_k 和 α_ε 分别为 k 和 ε 的负向效应普朗特数，$\alpha_k = \alpha_\varepsilon \approx 1.393$；$C_{3\varepsilon} = \tanh|v/u|$，式中的 v 为平行于重力长矢量速度分量，u 为垂直于重力矢量的流速分量；R_ε 为区别于标准 k-ε 模型附加项，$R_\varepsilon = \dfrac{C_\mu \rho_m \eta^3 (1 - \eta/\eta_0)}{1 + \beta \eta^3} \dfrac{\varepsilon^2}{k}$，其中 $\eta \equiv Sk/\varepsilon$、$\eta_0 = 4.38$、$\beta = 0.012$。

　　为了更好地模拟空化的非定常特性，Coutier-Delgosha 和 Reboud 等[181,185-186] 对 RNG k-ε 模型进行了修正，并认为汽液混合区的湍流粘度被高估，需调整修改混合区湍流粘性系数，才能较好地体现压缩性对湍流结构的影响和空泡闭合区域的回射流。具体实现是通过引入修正湍流粘度 μ_t 的方法，如式（2-14）所示，以限制空泡尾部混合区被过高估计的湍流度。图 2-1 显示的是式中 n 取不同值时的曲线（$n \gg 1$），

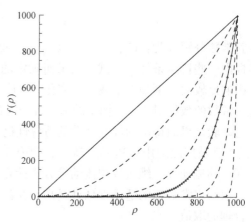

图 2-1　n 取不同值时，$f(\rho)$ 随 ρ 的变化曲线

计算中多取 $n = 5 \sim 10$，本章数值计算过程中 $n = 10$，如图中的带点曲线所示。

$$\mu_t = f(\rho) C_\mu \left(\frac{k^2}{\varepsilon} \right)$$

$$f(\rho) = \rho_v + \left(\frac{\rho_v - \rho}{\rho_v - \rho_l} \right)^n (\rho_l - \rho_v) \tag{2-14}$$

3. 壁面函数

　　对于有固体壁面的充分发展的湍流流动，通常可以划分为完全湍流区的核心区和近壁面区。壁面函数来自于 Launder and Spalding[106] 的工作基础之上。对于大多数高 Reynolds 数流动，壁面函数法能充分节省计算资源，壁面函数实际上是一组半经验的公式，用于将壁面上的物理量与湍流核心区内待求的未知量直接联系起来。其基本思想是：对于湍流核心区的流动使湍流模型求解，而在壁面区不进行求解，直接使用半经验公式将壁面上的物理量与湍流核心区内的求解变量联系起来。在划分网格时，不需要在壁面区加密，只需要把第一个内节点布置在对数律成立的区域内，即配置到湍流充分发展的区域，在湍流核心区使用高雷诺数 k-ε 模型进行求解。壁面函数公式将壁面值同相邻控制体积的节点变量值联系起来。

当与壁面相邻的流动处于对数律层时，可得到：

$$u^+ = \frac{1}{K}\ln(Ey^+) \quad u^+ = \frac{u_P C_\mu^{1/4} k_P^{1/2}}{\tau_w/\rho} \quad y^+ = \frac{\rho C_\mu^{1/4} k_P^{1/2} \Delta y_P}{\mu} \quad (2\text{-}15)$$

其中，$K = 0.42$ 为 Karman 常数，$E = 9.793$ 为壁面粗糙系数，u_P 为流体中节点 P 的平均速度，k_P 为 P 点的湍动能，τ_w 为壁面切应力，Δy_P 为节点 P 到壁面的距离。

壁面函数法既节省计算资源又能提高计算效率，工程实用性强，广泛应用于各种壁面流动；但当流动分离过大或近壁面流动处于高压之下时，该方法不很理想，因此也有一定局限性。

2.2.3　空化模型

对自然空泡流场运动，上述方程组并不封闭。在方程组系统中，未知量 $(\vec{u}、p、\rho、T)$ 的个数大于方程的个数（连续性方程、动量方程、能量方程），因此还需要补充两相之间输运关系的空化模型或混合介质密度与其他量之间的物理关系。空化模型通常有两类，一类为基于密度为压力函数或者温度函数关系建立的状态方程[187]；另一类为基于质量输运方程来表征汽化和凝结过程的源项来模拟汽、水之间的质量传递。下面介绍这两类模型中使用比较广泛的 4 种空化模型。

1. 模型 1（Merkle 等[100]）

该模型蒸发项和凝结项是汽和液相体积分数的函数：

$$\frac{\partial \alpha_l}{\partial t} + \nabla \cdot (\alpha_l \vec{u}) = \frac{C_{\text{dest}} \rho_l MIN(P_l - P_v, 0)\alpha_l}{\rho_v (0.50\rho_l U_\infty^2) t_\infty}$$

$$+ \frac{C_{\text{prod}} MAX(P_l - P_v, 0)(1 - \alpha_l)}{(0.50\rho_l U_\infty^2) t_\infty} \quad (2\text{-}16)$$

式中，U_∞ 为特征速度；t_∞ 为特征时间。其中的经验常数赋值如下：$C_{\text{dest}} = 1.0$，$C_{\text{prod}} = 8.0 \times 10^1$，经验系数的选取是采用与试验方法验证后确定，由于该质量输运空化模型进行了无量纲化处理，所以无需修改便可对不同的几何尺度下的空泡流进行模拟。这个特点也适用于本章其他的模型。

2. 模型 2（Kunz 等[101]）

该模型液体体积率被选作输运方程的因变量，蒸发项是压力的函数，而凝结项是体积率的函数。

$$\frac{\partial \alpha_l}{\partial t} + \nabla \cdot (\alpha_l \vec{u}) = \frac{C_{\text{dest}} \rho_v MIN(P_l - P_v, 0)\alpha_l}{(0.50\rho_l U_\infty^2)\rho_l t_\infty} + \frac{C_{\text{prod}} \alpha_l^2 (1 - \alpha_l)}{\rho_l t_\infty} \quad (2\text{-}17)$$

其中经验常数取值为：$C_{\text{dest}} = 9.0 \times 10^5$，$C_{\text{prod}} = 3.0 \times 10^4$。

3. 模型 3（Singhal 等[110]）

该模型中，汽相质量率 f_v 被作为输运方程的因变量，蒸发项和凝结项都是压力的函数。相变率基于 Rayleigh-Plesset 方程给出。

$$\frac{\partial(\rho_m f_v)}{\partial t} + \nabla \cdot (\rho_m f_v \vec{u}) = (\dot{m}^- + \dot{m}^+) \tag{2-18}$$

$$\dot{m}^- = C_{\text{dest}} \frac{U_\infty}{\gamma} \rho_l \rho_v \left[\frac{2}{3} \frac{P_v - P}{\rho_l} \right]^{1/2} f_l \qquad P < P_v \tag{2-19}$$

$$\dot{m}^+ = C_{\text{prod}} \frac{U_\infty}{\gamma} \rho_l \rho_v \left[\frac{2}{3} \frac{P - P_v}{\rho_l} \right]^{1/2} f_v \qquad P > P_v \tag{2-20}$$

其中的试验因数赋值如下：$C_{\text{dest}}/\gamma = 1.225 \times 10^3$，$C_{\text{prod}}/\gamma = 3.675 \times 10^3$，$f_l = 1 - f_v - f_{\text{ng}}$，$f_{\text{ng}}$ 为不可凝结气体质量分数，通常取为恒定的一个小量。

4. 模型 4（Senocak 等[103]）

Senocak 提出了基于界面动力学的输运方程空泡模型，这种模型的主要难点在于界面速度的确定。

$$\frac{\partial \alpha_l}{\partial t} + \nabla \cdot (\alpha_l \vec{u}) = \frac{\rho_l \alpha_l MIN[P - P_v, 0]}{\rho_v (V_{v,n} - V_{l,n})^2 (\rho_l - \rho_v) t_\infty} + \frac{\rho_l (1 - \alpha_l) MAX[P - P_v, 0]}{(V_{v,n} - V_{l,n})^2 (\rho_l - \rho_v) t_\infty} \tag{2-21}$$

式中，$V_{v,n}$ 为汽体在空泡界面处的法向速度；$V_{l,n}$ 为汽液界面的运动速度。

2.3　数　值　方　法

2.3.1　网格生成方法

　　网格生成是数值模拟过程中一个重要的组成部分，是促进其工程实用化的一个重要因素，网格品质的好坏直接影响到数值计算的精度，而且这种影响在许多情况下甚至是决定性的[188]。Shih 等人提出了构造一个高质量的结构化网格的五个标准[189]：

（1）网格的疏密程度能够人为地控制。

（2）要求拟合边界，便于边界条件的表达。

（3）网格线中应有一组与边界面正交，便于导数边界条件的精确表达。内部网格要尽可能正交或接近正交（网格线之间的夹角在 45°～135° 之间）。

（4）从一个网格点分布较密的块向另一个网格点分布较疏的块过渡时，网格点之间的尺寸变化要缓和。

（5）有一组网格线与流动方向一致。

对于一个复杂的物理区域，构造一个满足上述五个条件的单块网格是比较困难的。因此需要采用分块划分网格法，即在每个块上的网格尽量满足上述 5 点要求。同时，对于大多数复杂湍流流动，由于湍流在平均动量和其他标量的输运过程中扮演了重要的角色，以及平均流与湍流之间强烈的相互作用，使得湍流流动的数值结果与层流相比，对网格的依赖性更加敏感。因此，在包含大应变率剪切层和平均流迅速变化的区域，应当进行局部的网格加密。

2.3.2　离散方法

前面的控制方程组需要选择计算域内的离散方法，即根据离散点上的一系列时间、空间解所构成的代数方程来近似表示偏微分方程的方法。目前的 CFD 数值解法中，主要的离散方法有：有限差分法（FDM）、有限元法（FEM）和有限体积法（FVM）三种。

有限差分法是一种最早用于计算机求解的数值方法。有限差分法以 Taylor 级数展开等方法，把控制方程中的导数用网格节点上的函数值的差商代替进行离散，从而建立以网格节点上的值为未知数的代数方程组。该方法是一种直接将微分问题变为代数问题的近似数值解法，数学概念直观，表达简单，也是发展较早且比较成熟的数值方法。但是该方法难于保证守恒性，而且对不规则复杂区域流场时也受限制。

有限元方法是以变分原理和加权余量法为基础。该方法基本思路是把计算域划分若干个互不重叠的单元，在每个单元内，选择一些合适的节点作为求解函数的插值点，将微分方程中的变量表示为各变量或其导数的节点值与所选用的插值函数组成的线性表达式，借助于变分原理或加权余量法，将微分方程离散求解。不同的加权函数和插值函数形式便构成不同的有限元方法。有限元方法最早应用于结构力学，现在也应用于流体力学的数值模拟。在有限元方法中，把计算域离散剖分为若干互不重叠且相互连接的单元，单元内近似解连续，在单元之间满足相容性条件，整个计算域内的解可认为是由所有单元上的近似解构成。有限元法的主要优点在于它适用于各种复杂区域，网格划分没有特别的限制。但是由于采用非结构网格使其离散，所以需要大量的内存和计算量；同时，离散后获得的代数方程系数矩阵不再为稀疏矩阵，求解困难。

有限体积法又称为控制体积法。将计算区域离散为若干控制体积单元，每个控制单元的体中心布置待求解的变量，将待解的微分方程对每一个控制体积积分，因变量在任意一组控制体积都满足积分守恒。从积分区域的选取方法看来，有限体积法属于加权剩余法中的子区域法；从未知解的近似方法看来，有限体积法属于采用局部近似的离散方法。简言之，子区域法属于有限体积法的基本方法。与有限差分法相比，有限体积法具有很多优势：首先，有限体积法因变量在任一控制体积和整个计算区域都满足积分守恒，而有限差分法，仅当网格极其细密时，离散方程才满足积分守恒；其次，有限体积法适用于任何网格形式，因此便于处理复杂边界问题；最后，有限体积法的网格与坐标系统分离，不像差分法那样需要贴体的曲线坐标系，便于理解和编程实现。但是有限体积法在求解时包含两级近似，获得二阶以上的求解精度难度大，这也是有限体积法的唯一缺点。尽管如此，有限体积法仍是目前 CFD 应用最广的一种方法。本章数值求解过程也基于有限体积法。

2.4 动网格技术及边界条件

2.4.1 动网格技术

存在移动边界的任意控制体上的某一标量的守恒方程的积分形式可以写作：

$$\frac{\mathrm{d}}{\mathrm{d}t}\int_V \rho\phi\,\mathrm{d}V + \int_{\partial V}\rho\phi(\vec{u}-\vec{u}_\mathrm{g})\cdot\mathrm{d}\vec{A} = \int_{\partial V}\Gamma\nabla\phi\cdot\mathrm{d}\vec{A} + \int_V S_\phi\,\mathrm{d}V \quad (2\text{-}22)$$

式中，ρ 是流体密度，$\vec{u}$ 是流体速度矢量，$\vec{u}_\mathrm{g}$ 是移动网格的网格速度，Γ 是扩散系数，S_ϕ 是标量 ϕ 的源项。∂V 表示控制体积 V 的边界。方程（2-22）的时间微分项可以写成一阶向后差分形式。

$$\frac{\mathrm{d}}{\mathrm{d}t}\int_V \rho\phi\,\mathrm{d}V = \frac{(\rho\phi V)^{n+1}-(\rho\phi V)^n}{\Delta t} \quad (2\text{-}23)$$

式中，n 和 $n+1$ 代表第 n 和第 $n+1$ 时间步上的数值。$n+1$ 时间步上的体积 V^{n+1} 由 $V^{n+1}=V^n+\dfrac{\mathrm{d}V}{\mathrm{d}t}\Delta t$ 计算出。$\mathrm{d}V/\mathrm{d}t$ 是控制体的体时间导数。

为了满足网格守恒定律，控制体体积的时间导数由下式计算：

$$\frac{\mathrm{d}V}{\mathrm{d}t} = \int_{\partial V}\vec{u}_\mathrm{g}\cdot\mathrm{d}\vec{A} = \sum_j^{n_\mathrm{f}}\vec{u}_{\mathrm{g},j}\cdot\vec{A}_j \quad (2\text{-}24)$$

式中，n_f 为控制体上的面的数量，$\vec{A}_j$ 是 j 面矢量。在每一个控制体面上的点乘 $\vec{u}_{\mathrm{g},j}\cdot\vec{A}_j$ 是从 $\vec{u}_{\mathrm{g},j}\cdot\vec{A}_j=\dfrac{\delta V_j}{\Delta t}$ 得出。δV_j 是控制体面 j 在时间步 Δt 中扫过的体积。

2.4.2　动网格更新方法

网格运动三种更新方法（弹簧平滑方法、动态层方法、当地重化网格）来更新由于边界运动导致计算域变形中的体网格。下面介绍三种网格的更新原理和适用范围。

弹簧平滑方法，任意两个网格节点之间的边被理想化为一个弹簧，在边界运动前的各条边的初始距离构成了网格的平衡状态，在某一给定边界节点上的位移会在所有连在这个节点上的"弹簧"上产生相应比例的力，使用胡克定律，在网格点上的力可以写成：

$$\vec{F_i} = \sum_{j}^{n_i} k_{ij} (\Delta \vec{x_j} - \Delta \vec{x_i}) \qquad (2-25)$$

这里 $\Delta \vec{x_i}$ 和 $\Delta \vec{x_j}$ 是节点 i 和邻近节点 j 的位移。n_i 是连接在节点 i 上的邻近节点的数目。k_{ij} 是在节点 i 和节点 j 之间的弹簧刚性系数。此刚性系数可以定义为 $k_{ij} = \dfrac{1}{\sqrt{|\vec{x_i} - \vec{x_j}|}}$。当平衡时，在一个节点上的由邻近弹簧产生的合力必须是零。此条件提出了一个迭代方程：

$$\Delta \vec{x_i}^{m+1} = \frac{\sum_{j}^{n_i} k_{ij} \Delta \vec{x_j}^{m}}{\sum_{j}^{n_i} k_{ij}} \qquad (2-26)$$

因为边界上的位移已经求得（在已经更新了边界节点位置后）。在所有的内部节点内求解上式，收敛后，节点位置由下式更新：

$$\vec{x_i}^{n+1} = \vec{x_i}^{n} + \Delta \vec{x_i}^{m \cdot \text{converged}} \qquad (2-27)$$

对于非四面体（三维），或非三角形网格（二维），当网格边界朝一个方向运动（没有各向异形的伸缩），并且运动垂直于边界时可以使用此方法。如果不满足这个条件，会导致网格具有高度偏斜值。这是因为不是所有的非四面体网格（二维中为非三角形网格）的节点的边的组合都可以被看成是弹簧。

动态层方法是指当边界变形导致边界附近网格大小超出指定网格大小的范围时，合并已有较小网格或是分裂已有较大网格，使网格大小限定在指定范围之内（图 2-2）。首先指定移动边界附近的网格理想高度 h_{ideal}，层分裂因子 α_s 和层溃灭因子 α_c。当移动边界向前运行，当 j 网格受拉伸至 h_j 满足式（2-28）时，网格将根据指定的网格层高度分割网格；反之 j 网格受压缩，并且 h_j 如果满足式（2-29）时，被压缩 j 层网格将与其相邻 i 层网格合并。动态方层方法被广泛应用于简单直线边界运动数值计算，并且动态层方法只适用于移动区域相邻的网格都是四边形（三维时柱形）网格划分方式。

$$h_j > (1+\alpha_s)h_{\text{ideal}} \tag{2-28}$$

$$h_j < \alpha_c h_{\text{ideal}} \tag{2-29}$$

在三角形和四面体网格组成的区域内，当边界运动时会用到弹簧平滑方法。但是如果边界位移和当地网格尺寸相比很大时，利用弹簧平滑方法得到的网格质量就会变得很差，甚至会导致产生负体积，不能进行计算。为了解决这个问题，通常设定一个网格标记准则，然后将不满足倾斜度准则的网格标记，并重新生成网格，同时计算的变量值在旧网格上进行插值（图 2-3）。网格标记准则有三种方法：（1）网格大于一个指定的最大网格大小；（2）网格小于一个指定的最小网格大小；（3）网格倾斜度大于指定的最大倾斜度。

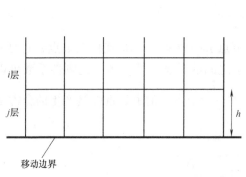

图 2-2　动态层方法示意图

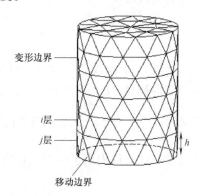

图 2-3　在变形边界上重划网格

2.4.3　边界条件

边界条件参数定义边界条件上的已知变量或边界条件上的约束，它是对求解问题的定量说明。这里首先说明几个边界条件参数的定义，这几个参数在几个边界上都需要设置。

（1）湍流状态的指定方法

在湍流状态下，不仅需要设置各边界上的速度、压力等变量值，还需要设置这些变量的湍流状态。由于使用的模型为 k-ε 模型，湍流状态的几种指定方法归根到底要换算成数值。本章计算模型中使用的指定方法为湍流强度和湍流粘性比（Intensity and Viscosity Ratio）的方法。

（2）第二相体积比

在定义多相流动时，通常把第二相作为离散相处理，需要指明其在混合相中的体积比。在使用均质平衡两相流模型时，对于第二相，体积比必须定义。

下面依次说明本章计算模型所设置的边界条件上的参数的定义。

（1）速度入口（VELOCITY_INLET）

边界上速度已知时可以使用速度入口来说明边界条件，给定入口边界上的速度值。速度入口对于混合相需要设置的参数有速度大小、方向，湍流指定方法及参数；对于第二相需要指明其体积比；另外在通气状态下将通气入口处设置为速度入口。

（2）压力出口（PRESSURE_OUTLET）

给定流动出口边界上的静压。出口边界应放在足够远的下游从而避免下游误差传播到上游我们感兴趣的流场部分，并尽可能地安排边界使得流动平行地流出整个边界，高雷诺数流动中向上游传递的误差，至少在定常流中是较小的。对于混合相需要出口处的标定压力、湍流指定方法及参数。

（3）壁面（WALL）

壁面边界条件说明壁面的性质，对于本模型需要说明其动力学性质。需要定义三个参数：壁面运动、剪切条件、壁面粗糙度。本章中自然和通气状态下计算模型壁面做静止处理，壁面上要求满足无滑移条件。

（4）对称边界条件（SYMMETRY，AXIS）

对称边界条件是指所求解的问题在物理上存在对称性。应用对称边界条件，可避免求解整个计算域，从而使求解规模缩减到整个问题的一半。

2.5　潜射航行体表面自然空化计算结果与分析

相关的流场无量纲参数定义为：

$$Re=\frac{D_{m}V_{m}}{\nu};C_{p}=\frac{(p_{\infty}-p_{ref})}{\frac{1}{2}\rho V_{m}^{2}};Fr=V_{m}/\sqrt{gD_{m}};St=\frac{V_{m}t}{L_{m}};\bar{t}=\frac{L_{ref}}{V_{ref}t} \qquad (2\text{-}30)$$

式中，D_{m} 为航行体直径，L_{ref} 为特征长度，V_{ref} 为特征速度，V_{m} 为航行体运动速度，p_{v} 为水的饱和蒸汽压强，ν 为水的运动粘性系数，p_{∞} 为未受扰动远点的压强，p_{ref} 为计算参考压强。

2.5.1　数值模拟结果与试验数据对比

本章采用前面所述的数值计算方法，通过求解混合介质的连续性方程、动量方程、考虑粘性修正的 RNG $k\text{-}\varepsilon$ 湍流模型和 Singhal 空化模型，并结合动网格技术，对典型半球头形弹体进行数值模拟，并与试验结果进行比较，以验证计算方法的可靠性。计算时采用均质平衡流计算采用的半球头型弹体直径为 10mm、总长度为 100mm。整个流场采用分块结构化网格划分，网格总数 52700，动边界网格更新采用动态层方法。

计算过程中，弹体边界运动速度恒定为 $V_{m}=50\text{m/s}$，未受扰动水流场压强 $p_{\infty}=378955\text{Pa}$，按非定常过程进行计算，时间步长 $\Delta t=5\times10^{-6}\text{s}$。以弹体直径

D_m 计算雷诺数为 $Re=10^6$，空化数 $\sigma=0.3$。图 2-4 给出了空泡初生和成长到最大长度过程的汽相体积份数等值云图，各图的时间间隔为 $100\Delta t$。

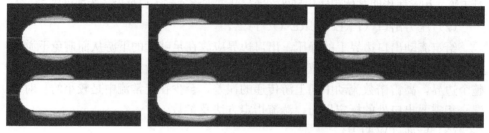

图 2-4　空泡成长过程 α_v 分布云图

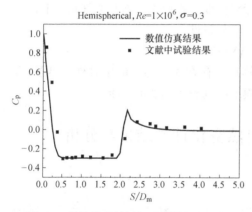

图 2-5　数值仿真结果与试验结果的比较

图 2-5 为计算得到的物面压力系数分布曲线与文献[190]中试验数据对比图。横坐标 S/D_m 中，其中 S 为距离弹头顶点处的轴向距离，纵坐标为压力系数 C_p。图中曲线为数值计算结果，方块点为试验数据点[190]。从图中可以看出，仿真数据和试验数据吻合较好，空泡闭合区域的突增都在 $S/D_m=2$ 左右，说明计算结果与试验的空泡长度是一致的。压力系数基本一致，表明了弹体所受的流体动力和试验结果也是一致的。

因此，采用动网格技术，结合求解混合介质 RANS 方程，可以实现弹体边界运动与汽水流场的耦合求解，并可以此为基础对水下垂直发射过程空化多相流开展数值研究。潜射航行体设计过程中需要同时考虑航行体的气动力和水动力特性，并受潜艇尺寸及发射筒容积的限制，因此潜射航行体外形设计尤为重要。潜射航行体的外形相对简单，长细比较小，外形设计和研究的对象主要是针对航行体头部。

2.5.2　肩空泡对流体动力的影响分析

本节在前面数值计算方法基础上进一步考虑了航行体运动方程，即通过求解混合介质的连续性方程、动量方程、考虑粘性修正的 RNG k-ε 湍流模型和 Singhal 空化模型，并结合动网格技术耦合航行体运动方程控制航行体边界运动，实现了潜射航行体发射上升过程的自然空泡流研究。

由于潜射航行体垂直发射水下运动过程中空化数范围约 $\sigma=0.25\sim0.9$，通常形成的肩空泡长度远小于弹体长度，尾喷流不会与前端空泡形成连体超空泡。

因此，本节计算过程中忽略尾喷流的影响，并且设定发动机推力恒定。计算模型采用轴对称模型，模型由长径/短径为 1.5：1 的椭圆形弹头和圆柱形弹体组成，弹体直径为 D_m，弹体总长为 L_m。计算区域网格和边界条件如图 2-6 所示，其中压力入口为重力作用下静水压力 $p_0+\rho gh$（其中 p_0 为大气压力，h 为发射时，航行体头部距离水面的深度），压力出口边界为标准大气压力，重力沿 x 轴正方向。出筒时航行体边界运动速度 V_0 为 15m/s，重推比为 0.3，以弹体直径计算出筒时 $Fr=6.56$，弹体头部为 30m 水深静压，非定常计算过程时间步长 $\Delta t=10^{-5}$ s，定义无量纲时间 $\bar{t}=V_0 t/L_m$，则无量纲时间步长 $\overline{\Delta t}=0.0011$ s。

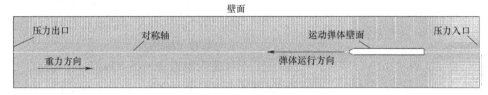

图 2-6　计算区域与网格

　　航行体运动方程采用如下离散形式：

$$u_i=u_{i-1}+\frac{F_{i-1}}{m}\Delta t \tag{2-31}$$

式中，Δt 为时间步长，v_i 和 v_{i-1} 分别代表第 i 和 $i-1$ 个时间步的速度，F_{i-1} 为第 $i-1$ 个时间步航行体受到的合力。其中合力为：

$$F=F_G+F_B+F_V+F_P \tag{2-32}$$

式中，F_G 和 F_B 分别为航行体受到的重力和推力，由初始条件给出；F_P 和 F_V 分别为航行体受到的压差阻力和摩擦阻力，从非定常流场中的计算得出。

　　图 2-7 给出了航行体水下运动过程中空泡发展过程，从图中可以看出，由于出筒时弹体速度低，静水压力大，空化数比较大，航行体表面并没有出现明显的空化；随着航行体速度增加及环境压力的降低，航行体表面空化数逐渐减小，弹体肩部首先发生次空化，最后形成透明的局部空泡；并且，空泡的前端位置基本固定，空泡尾部闭合点随空化数的减小向下推移。

　　图 2-8 为航行体水下运动过程中航

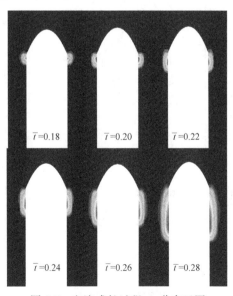

图 2-7　空泡成长过程 α_v 分布云图

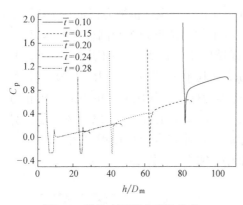

图 2-8　弹性表面压力系数分布

行体表面的压力系数分布，其中横坐标为特征水深 h/D_m，纵坐标为 p_{ref} 为自由液面的环境压力（本节取为标准大气压）计算所得压力系数 C_p。从图中可以看出，潜射航行体水下运动过程中，随着环境压力逐渐减小，弹体表面压力系数不断减小。当肩部形成空泡时，在空化区域弹体表面压力系数基本恒定，在弹肩部和空泡闭合区有较大的压力梯度，在空泡闭合区域后航行体柱段表面压力系数不断增加。

图 2-9 和图 2-10 分别为 $\bar{t}=0.28$ 时，弹体表面附近流场压力等值分布和速度矢量分布图。由图 2-9 可知，肩空泡改变弹体表面的压力分布，在肩空泡前沿和闭合处均存在较大的压力梯度。由图 2-10 可以看出，空泡闭合区域有较强的回射流现象，回射流将产生脉动恢复力，形成振动扰动源，进而影响弹体结构强度。

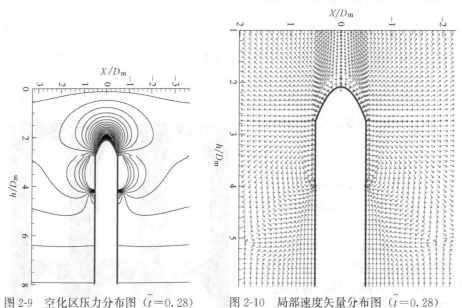

图 2-9　空化区压力分布图（$\bar{t}=0.28$）　　　图 2-10　局部速度矢量分布图（$\bar{t}=0.28$）

定义航行体阻力系数为：

$$C_x = \frac{F_x}{\frac{1}{2}\rho V_m^2 A} \tag{2-33}$$

式中，F_x 为航行体所受阻力，A 为航行体横截面积，ρ 为流场介质密度。

图 2-11 给出了航行体阻力系数 C_x 和弹体速度随特征时间变化曲线。由图 2-11（a）、图 2-11（b）和图 2-11（c）可知航行体水下运行过程中的阻力系数及其变化规律。其中，在 $\bar{t}=0.025$ 至 $\bar{t}=0.073$ 过程中，空化数从 0.7 降至 0.48，航行体压差阻力系数逐渐增大，而粘性阻力系数不断减小，总阻力系数基本不变；在随后的 $\bar{t}=0.073$ 至 $\bar{t}=0.19$ 过程中，空化数将从 0.48 降至 0.3，次空化加剧，随着次空化的区域发展增大，航行体压差力阻力系数抖动增大，且增大斜率大于次空化形成之前，而粘性阻力系数减小变缓；最后，在 $\bar{t}=0.19$ 至出水前，空化数从 0.3 进一步降低，肩空泡沿轴向迅速增长，航行体压差阻力系数快速增大，粘性阻力系数随着弹肩空泡的发展，弹体与水接触面积的减少而迅速减小，总阻力系数继续增大。通过与不带空化模型仿真结果对比，得出肩空泡的形成，增大了航行体压差阻力系数，而减小粘性阻力系数，增大总阻力系数。从图 2-11（d）可知，肩空化的产生对航行体的出水速度有一定的影响，由于航行体水下运行时间短，出水速度减小约 1.3%。

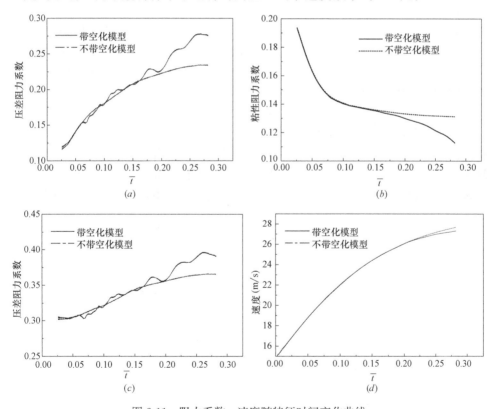

图 2-11　阻力系数、速度随特征时间变化曲线
（a）压差阻力系数随时间变化曲线；（b）粘性阻力系数随时间变化曲线；
（c）总阻力系数随时间变化曲线；（d）速度随时间变化曲线

2.5.3　头形对潜射航行体表面空泡的影响

从上一节可知，航行体局部肩空泡的形成将改变航行体的流体动力，并对航

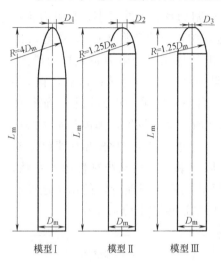

图 2-12　航行体模型示意图

行体结构强度具有一定的影响；本节对三组不同头形的航行体模型进行数值计算，分别研究它们的抗空化能力、水动力特性及水下运动弹道。三组计算航行体模型如图 2-12 所示，它们均为长径比为 7 的旋成体，并且模型最大直径为 D_m，总长为 L_m。三组模型具有不同的头部形状，其中Ⅰ号模型采用小钝头旋成体，连接圆弧半径 $R = 4D_m$，前端钝头的直径为 $D_1 = 0.15D_m$ 的圆弧；Ⅱ号模型采用了大钝头旋成体模型，连接圆弧半径为 $R = 1.25D_m$；Ⅲ号模型与Ⅱ号模型相似，只是采用了一个直径为 $R = 1.25D_m$ 的连接圆弧和前端钝头直径为 $D_2 = 0.75D_m$ 的圆

弧，但是头部切为直径为 $D_3 = 0.2D_m$ 的平头头部外形。计算区域的运动边界的设置和第 2.5.2 节设置方法一样。

航行体头部区域网格如图 2-13 所示。由于在头部区域存在强绕流和高压力梯度的变化，因此头部区域网格的质量直接关系到计算结果。航行体头部附近区域采用了 C 型网格，保证弹体头部边界局部网格的加密，这样既保证计算的收敛性，同时也可减小计算规模[191]。另外，考虑到动网格生长域与两相边界交叉

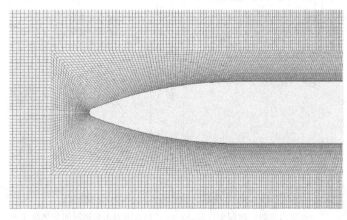

图 2-13　航行体头部区域局部网格（模型Ⅰ）

或重合时会严重影响收敛性，为确保计算的可靠收敛，模型中采用了域动分层动网格技术，并将因航行体运动所导致的网格生长和溃灭位置选择在远离弹体边界的压力出口附近[192]。

数值模拟水深 30m 环境、出筒速度为 15m/s、重推比为 0.4 的情况下，三组计算模型的水下运动过程。假设潜射航行体垂直发射水下航行阶段上升运动过程为轴对称流动，忽略尾喷流对前端流场的影响，并且设定认为发动机的推力恒定。计算时间步长取为：$\Delta \bar{t} = 0.027 L_{\text{ref}} / V_0$，其中 L_{ref} 为计算模型的直径，V_0 取为出筒时速度。

计算结果表明：由于出筒时弹体速度低，静水压力大，空化数比较大，航行体表面并没有出现明显的空化；随着航行体速度增加及环境压力不断降低，航行体表面空化数逐渐减小，航行体模型 II、III 肩部首先发生次空化，并逐渐发展膨胀形成透明的局部肩空泡，模型 II 的初生空化数为 0.5；肩空泡的前端位置基本固定，空泡尾部闭合点随空化数的减小向下推移。模型 I 在水下运动过程中并没有出现明显的空化现象。

出水前航行体表面空化如图 2-14 所示，从图 2-14 中可以看出，计算模型 II 与计算模型 III 出水前的空泡尺寸发展为最大，其长度均为模型直径的 1.5 倍左右。模型 I 在出水前没有形成明显的肩空泡，因此，模型 I 具有良好的抗空化特性，但其头部外形容积较小，作战效能较低；模型 II 和模型 III 拥有较大的战斗部容积空间，但抗空化能力较差，出水时弹体肩部形成了明显的肩空泡。

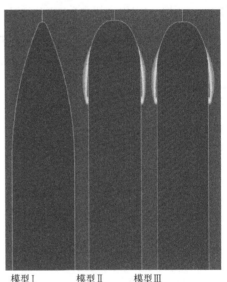

模型 I　　　模型 II　　　模型 III

图 2-14　出水前弹肩空化汽相云图

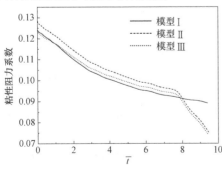

图 2-15　不同头形下粘性阻力系数变化过程

图 2-15、图 2-16 和图 2-17 分别给出了水下航行阶段三组模型的压差阻力系数、粘性阻力系数和总阻力系数的变化过程及其对比关系。从图中可以看出模型 I 的粘性阻力系数和压差阻力系数均小于模型 II 和模型 III；模型 II 与模型 III 的压力阻力系数相当，但粘性阻力系数大于模型 III，总阻力系数也大于模型 III。模型 II 和模型 III

运动至水面附近时，粘性阻力因肩空泡的产生而迅速减小，模型Ⅰ在发射过程中均未出现明显的空化现象。

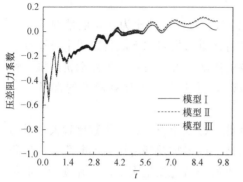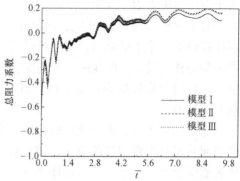

图 2-16　不同头形下压差阻力系数变化过程　　　图 2-17　不同头形下总阻力系数变化过程

　　图 2-18 和图 2-19 分别给出了三组模型的速度变化曲线和航行轨迹曲线。从图中可知模型Ⅰ出水速度最大，水下航行时间最短；模型Ⅱ出水速度最小，水下航行时间最长。

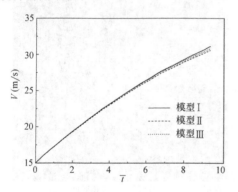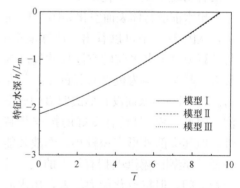

图 2-18　不同头形下弹体航行速度变化曲线　　　图 2-19　不同头形下弹体航行轨迹曲线

2.5.4　重推比对水下航行阶段弹道的影响

　　为了分析对比推力水下航行阶段弹道的影响，本节采用与上节类似数值方法模拟模型Ⅱ在重推比分别为 0.4、0.45、0.5 时，潜射航行体水下运动过程。计算时设定航行体出筒时速度为 15m/s，航行体头部水深环境静压为 293470.8Pa。计算时间步长取为：$\Delta \bar{t} = 0.027 L_{\mathrm{ref}}/V_0$，其中 L_{ref} 为计算模型的直径，V_0 取为出筒时速度。

　　图 2-20、图 2-21 和图 2-22 分别给出了模型Ⅱ在三种重推比下粘性阻力系数、压差阻力系数及总阻力系数随时间变化的对比关系曲线。从图中我们可以看

出粘性阻力均随着时间推移而逐渐减小，在接近水面时弹体肩部形成明显的肩空泡时粘性阻力系数急剧下降；压差阻力系数在推力作用下首先迅速增大，然后增大趋势趋于缓和；重推比为 0.4 时模型的出水前总阻力系数最大，这主要是由于推力越大，弹体水下运动最终速度也就越大，总阻力系数也就越大的缘故。

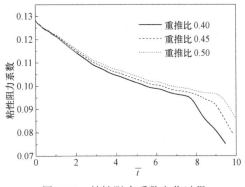

图 2-20　粘性阻力系数变化过程

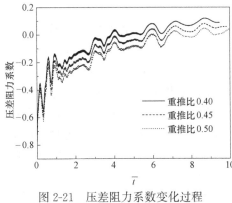

图 2-21　压差阻力系数变化过程

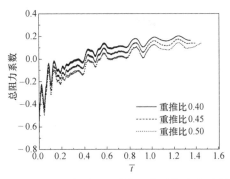

图 2-22　不同重推比下总阻力系数变化过程

　　图 2-23 和图 2-24 分别给出了航行体在不同重推比下的速度变化曲线和航行轨迹曲线。从图中可以看出航行体出筒后加速向水面运动，在出水前速度达到最大。重推比越小，航行体获得的出水速度越大，水下航行时间也越短。重推比为 0.4 时，航行体出水速度可达 30.6m/s。

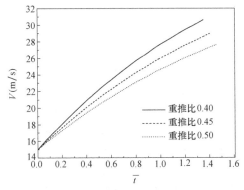

图 2-23　不同重推比下航行体速度变化曲线

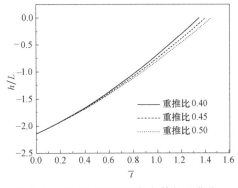

图 2-24　不同重推比下航行体轨迹曲线

因此，潜射航行体采用有动力方式进行水下发射时，重推比越小，航行体出水时速度也将越大，水下运动时间也越短。其中本节算例中，重推比为 0.4 时，航行体可获得高达 30.6m/s 出水速度。

2.5.5　发射深度对潜射航行体水下航行阶段弹道的影响

采用数值方法模拟模型 I 在 $h_0=30\text{m}$、$h_0=40\text{m}$、$h_0=50\text{m}$ 和 $h_0=60\text{m}$ 水深环境下发射时航行体水下运动过程，分析不同深度发射的航行体水下航行阶段弹道和流体动力。计算时重推比均为 0.38，出筒速度为 $V_0=15\text{m/s}$。计算时间步长取为：$\Delta \bar{t}=0.027L_{\text{ref}}/V_0$，其中 L_{ref} 为计算模型的直径，V_0 取为出筒时速度。

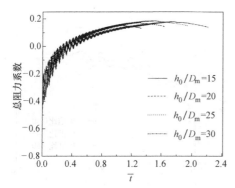

图 2-25　不同发射深度下流体动力变化曲线

图 2-25 给出了航行体在水下运动过程阻力系数变化曲线。从图中可以看出，在水下航行的初始阶段环境压力比较大，弹体表面不能形成空化，不同发射水深的航行体总阻力系数大小相当，并均随着速度的增大逐渐增大；当弹体运动至接近水面时，环境压力减小，明显的肩空泡形成，总阻力系数下降。

图 2-26 和图 2-27 分别给出了不同发射深度条件下，航行体水下航行阶段速度变化曲线和运动轨迹曲线。从图中可以看出，航行体发射后在推力作用下加速运动，在出水前获得最大速度。30m 水深发射时，出水速度为 31.8m/s；60m 水深发射时，出水速度可达 38.6m/s。

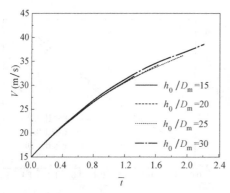

图 2-26　不同发射深度航行体速度曲线

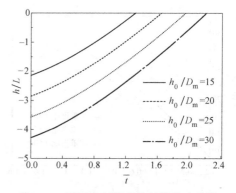

图 2-27　不同发射深度航行体轨迹曲线

因此，采用有动力发射方式的潜射航行体可以获得较高的出水速度和较短的水下运动时间；在没有出现空化的情况下，水深环境压力对轴向阻力影响不大；当有明显的肩空泡产生时，阻力系数随着环境压力降低和肩空泡发展将逐渐减小。

2.6　本章小结

由于本章所研究的空泡流数值方法属于两相流方法，本章以基于均质平衡两相流的数值模拟方法为宗旨，系统地介绍了自然空泡流数学模型和数值求解方法，介绍了动网格技术和边界条件的设置，并对潜射航行体上升过程空泡流进行了数值研究，研究结果表明：

（1）航行体肩部首先发生空化，并且随着空化数的减小，肩空泡不断发展，在出水前达到最大尺寸。

（2）局部肩空泡改变了航行体表面压力分布，进而影响航行体的流体动力；肩空泡增大了航行体的压差阻力系数而减小了粘性阻力系数，增加航行体总阻力系数，进而对航行体出水速度有一定的影响；并且，肩空泡闭合区域脉动恢复力会形成扰动源，影响到航行体的结构强度。

（3）通过改变航行体头部线型可以改善航行体的流体动力、抑制肩部空化。

（4）有动力发射方式，可以增加航行体的发射深度，缩短航行体水下运动时间，并增大了航行体出水速度，提高航行体水下发射的机动能力。

第 3 章　潜射航行体出筒阶段空泡流的数值模拟研究

3.1　引　　言

　　潜射航行体在进行水下干发射时，航行体在尾部高温高压燃气的推动下向上运动，发射筒内航行体上部空气（用于平衡发射筒与周围海水压力平衡的均压气体）受到上升弹体的挤压而压力增高，筒口薄膜在压力作用下向外鼓起直至破裂。航行体穿过筒口薄膜与气水界面入水后，部分均压气体跟随航行体运动形成入水通气空泡。如果航行体出筒速度足够高，航行体肩部（头部与弹身连接处）压力会因绕流的作用而降低，当压力降至水的饱和蒸气压力时，弹体表面的水将空化而产生自然空泡。因此，在出筒过程中弹体表面可形成由均压气体、水蒸气及水三相混合组成的通气空泡。分析出筒过程非稳态空泡发展过程，认识筒口气体对空泡形态的影响，预测空泡的大小和泡内压力分布，是进一步研究出水空泡溃灭的前提和基础。

　　为了研究潜射航行体带均压气体出筒过程肩空泡的生成与发展过程及其影响因素，本章根据潜射航行体带均压气体出筒的特点，通过对潜射航行体带均压气体出筒空泡物理模型简化，基于 Fluent 程序建立潜射航行体带均压气体出筒空泡的数值模拟，并进行数值模拟研究；研究了发射深度、航行体头形、发射速度、加速度等对出筒空泡的影响规律，对比分析不同发射状态下出筒空泡内部组成结构的演化；并对出水前空泡尺度控制方法进行研究，对通气量进行设计。

3.2　带均压气体出筒空泡数学模型的建立

　　潜射航行体进行干发射时，同时涉及高温高压发射气体在发射筒中及水中的运动、筒口薄膜破裂瞬间的气体及海水运动、航行体穿越发射气与海水界面的过程、航行体与发射气在海水中的相互干扰、环境压力不断变化、航行体在海水中的振动与海水的相互作用等现象，并且这些现象都对航行体的出筒过程及空泡生成与发展有重要影响。由于这些现象都十分复杂，很难在数值模拟时全部加以考虑，在数值模拟过程中进行适当的简化就显得尤为重要。

3.2.1　物理模型的简化

为方便计算，计算模型作如下假设：

（1）航行体出筒过程涉及燃气、蒸汽、空气、水以及结构等多相混合的复杂物理场，在研究均压气体对出筒空泡的影响时，因弹体和发射筒之间存在密封环，计算时忽略了尾部燃气对前端空泡的影响，只考虑发射筒前端气体、水及自然空化水蒸气的相互作用；

（2）发射筒内前端薄膜在数值模拟时按一次性完全破裂处理；

（3）前端筒口均压气体为理想气体；

（4）假设水不可压，数学模型连续性方程中考虑了空化引起的质量输运效应；

（5）因计算模型与区域具有轴对称性，因此计算过程采用轴对称模型；

（6）不考虑弹射后效以及水阻影响，假定模拟弹为刚体运动，并以恒定速度运动；

（7）忽略弹体与发射筒之间缝隙及适配器的影响。

3.2.2　三相空化多相流主控方程

由于潜射航行体带均压气体发射过程涉及气相运动，同时考虑弹射过程存在的自然空化现象，则需要在第 2 章基础上进一步考虑气相流动。采用均质平衡流多相流模型，忽略两相界面之间的滑移现象，流场各相具有共同的压强和速度，则混合物动量方程和三组分的连续性方程可表示为：

$$\frac{\partial \alpha_v}{\partial t}+\frac{\partial \alpha_v u_j}{\partial x_j}=-\frac{1}{\rho_v}(\dot{m}^-+\dot{m}^+) \tag{3-1}$$

$$\frac{\partial \alpha_1}{\partial t}+\frac{\partial \alpha_1 u_j}{\partial x_j}=\frac{1}{\rho_1}(\dot{m}^-+\dot{m}^+) \tag{3-2}$$

$$\frac{\partial \rho_m u_i}{\partial t}+\frac{\partial \rho_m u_i u_j}{\partial x_j}=-\frac{\partial p}{\partial x_i}+\frac{\partial \tau_{ij}}{\partial x_j}+\rho_m g_i \tag{3-3}$$

$$\frac{\partial \alpha_g}{\partial t}+\frac{\partial \alpha_g u_j}{\partial x_j}=0 \tag{3-4}$$

其中，$\dot{m}^-$ 和 $\dot{m}^+$ 分别为代表汽化过程和液化过程的源项，在 Singhal 空化模型的基础上进一步考虑通入气体的影响，则可表示为：

$$\begin{cases} \dot{m}^-=C_{dest}\frac{\sqrt{k}}{\lambda}\rho_l \rho_v \left[\frac{2}{3}\frac{p_v-p}{\rho_l}\right]^{1/2}(1-f_v-f_g-f_{ng}) & p \leqslant p_v \\ \dot{m}^+=C_{proc}\frac{\sqrt{k}}{\lambda}\rho_l \rho_l \left[\frac{2}{3}\frac{p-p_v}{\rho_l}\right]^{1/2}f_v & p>p_v \end{cases} \tag{3-5}$$

其中，C_{dest} 和 C_{proc} 为经验常数，分别取值 0.02 和 0.01；k 为局部湍动能；p_v 为一定温度下水的饱和蒸汽压力；表面张力系数 $\lambda = 0.0717N/m$；混合相密度 ρ 定义为：

$$\frac{1}{\rho} = \frac{f_v}{\rho_v} + \frac{f_g}{\rho_g} + \frac{f_{ncg}}{\rho_{ncg}} + \frac{1 - f_v - f_g - f_{ncg}}{\rho_l} \tag{3-6}$$

$$\rho_{ncg} = \frac{W_g P}{RT}, \ \rho_g = C_p P \tag{3-7}$$

混合物密度定义为，不可凝结气体与筒口均压气体满足理想气体状态方程：其中 $f_i = \alpha_i \rho_i / \rho_m$（$i = l, \ v, \ g, \ ng$），是水、水蒸汽、空气、水中不可凝结气核的质量分数，气核质量分数是很小量值，计算过程取为定值；μ 为混合物运动粘度，μ_t 为湍流粘度，由 RNG k-ε 湍流方程组封闭。

3.3　计算模型与网格划分

潜射航行体外型受潜艇尺寸及发射筒容积的限制，为了提高潜射航行体的射程、战斗部容积、增强航行体的攻击效能，航行体弹头向短而钝、不带弹翼的小容旋成体方向发展。计算模型柱段直径为 D_m，头部直径为 $D_m/3$，总长为 $7D_m$。因航行体模型具有轴对称性，计算过程采用如图 3-1 所示的轴对称域流场进行计算。计算区域网格采用分块结构化网格，如图 3-2 所示，其中弹头部附近区域采用了 C 型网格，计算过程中采用了域动分层动网格技术将由航行体运动所导致的动网格生长和溃灭位置选择在远离弹体的压力出口附近。

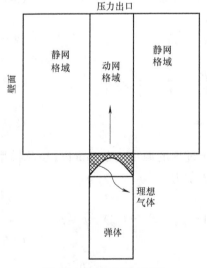

图 3-1　计算区域与模型

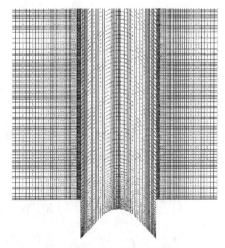

图 3-2　头部区域网格加密

3.4　典型算例的计算结果分析

为了验证数值计算方法的有效性，首先对典型航行体模型进行数值计算，并将不可凝结气体分别取为 $f_{\mathrm{ncg}}=1.5\times10^{-5}$、$f_{\mathrm{ncg}}=1\times10^{-6}$ 和 $f_{\mathrm{ncg}}=1.0\times10^{-7}$，湍流模型采用 RNG k-ϵ 湍流模型的 3 种计算工况计算结果与试验结果进行对比。弹体运动速度按照试验所测内弹道数据设置。

图 3-3 为经脱密处理后的空泡长度随着弹头离开筒口无量纲距离变化试验与数值模拟对比曲线，由图3-3 可以看出数值模拟结果与试验结果呈现基本相同的趋势。由于不可凝结气体在前期对计算结果影响不大，主要与发射筒内的均压气体相关，数值模拟结果和试验结果吻合很好；在离开筒口 $2.5D_{\mathrm{m}}$ 至 $4D_{\mathrm{m}}$ 之间，在均压气体出筒膨胀至最大，数值模拟结果均大于试验值；而在

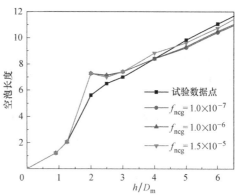

图 3-3　空泡长度数值结果与试验结果对比

离开筒口距离大于 $4D_{\mathrm{m}}$ 时，不可凝结气体含量对计算结果影响比较大，三组模拟结果空泡长度均小于试验值，而 $f_{\mathrm{ncg}}=1.5\times10^{-5}$ 时数值模拟与试验结果较为接近。因此，$f_{\mathrm{ncg}}=1.5\times10^{-5}$ 时数值模拟结果与试验结果吻合比较好，这同时也证明了本章所采用数值方法的有效性。本章计算时不可凝结气体含量取为定值 $f_{\mathrm{ncg}}=1.5\times10^{-5}$。

3.5　数值模拟结果与分析

为了更深入地了解潜射航行体出筒过程空泡的生成与发展，认识空泡尾部闭合位置及其影响因素，本节分别对不同发射弗劳德数、空化数、头部外形、均压气体的属性等计算工况下出筒空泡进行数值研究。

定义无量纲参数斯特劳哈数 St：

$$St=\frac{L_{\mathrm{ref}}}{V_{\mathrm{ref}}t} \tag{3-8}$$

式中，L_{ref} 为特征长度，本章取为航行体长度；V_{ref} 和 t 分别为特征速度和时间，本章取为发射出筒速度和出筒时间。

3.5.1　空化数对带均压气体出筒空泡影响分析

通常潜射航行体要适应不同深度发射的要求，在相同的发射速度情况下，发射时空化数将不同。本章在保持模拟时潜射航行体发射出筒速度不变的情况下，采用调节压力出口边界上的压力值的方式对四种不同发射深度工况进行数值模拟。四种工况对应的出筒弗劳德数和斯特劳哈数均为 $Fr=7.7$ 和 $St=1$，发射自然空化数 σ_v 分别为 0.57、0.71、0.86 和 1.0。计算过程时间步长取为：$\Delta \bar{t} = 0.01 L_{ref}/V_0$，其中 L_{ref} 为计算模型的直径，V_0 取为出筒时速度。

图 3-4 为潜射航行体从 4 种深度发射出筒时前端肩空泡的发展过程，其中对称轴左侧为空泡内气相云图，右侧边为自然空化产生的汽相分布云图，空泡轮廓用黑色实线表示。从图 3-4 中可以看出，发射筒前端不可凝结均压气体在向上运动的航行体作用下压缩并向上运动。由于水的惯性阻滞作用，4 种计算工况筒口均压气体均受压而体积发生收缩［图 3-4（a）、图 3-4（b）］；均压气体挤压出筒后，惯性向四周膨胀，径向膨胀的速度明显快于轴向，并形成覆盖筒口的气泡［图 3-4（c）］；随着弹体继续向上运动，航行体肩部压力因绕流作用而降低，径向膨胀气泡中的气体流向航行体表面低压区[193]，从而径向收缩、轴向拉长，在航行体表面形成通气空泡［图 3-4（d）］；最后，空泡尾部从线轴形［图 3-4（d）］或者波浪形［图 3-4（d'）］逐渐收缩至断裂，空泡尾部闭合，向泡内通气将因空泡的尾部闭合而中止[194]。在相同的弗劳德数和斯特劳哈数下，发射空化数越大，空泡尾部闭合得越早，并且闭合时空泡体积也越小。闭合后空泡跟随航行体继续向水面运动［图 3-4（d）至（f）］，如果此时空泡内气体处于失稳状态，空泡内气体将一直脱落至气体全部消失［图 3-4（g'''）］。

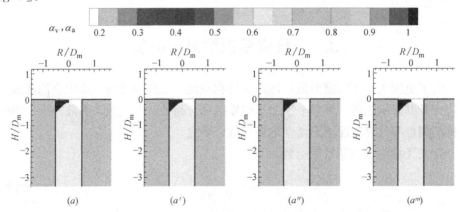

图 3-4　不同发射深度下肩空泡外形发展过程（一）

（a）$h/D_m=0$；（a'）$h/D_m=0$；（a''）$h/D_m=0$；（a'''）$h/D_m=0$

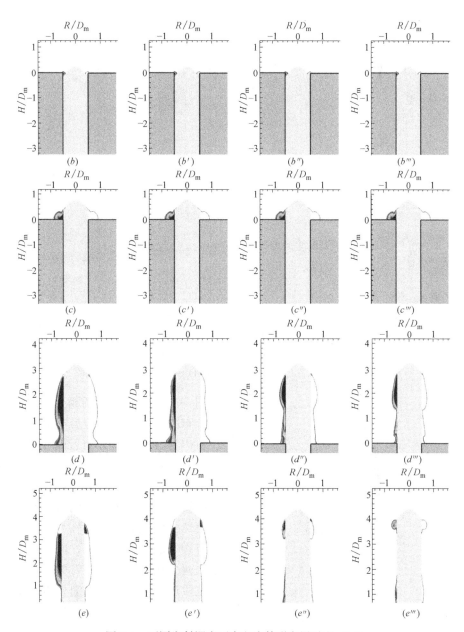

图 3-4　不同发射深度下肩空泡外形发展过程（二）

(b) $h/D_{\mathrm{m}}=0.36$；(b') $h/D_{\mathrm{m}}=0.36$；(b'') $h/D_{\mathrm{m}}=0.36$；(b''') $h/D_{\mathrm{m}}=0.36$

(c) $h/D_{\mathrm{m}}=0.9$；(c') $h/D_{\mathrm{m}}=0.9$；(c'') $h/D_{\mathrm{m}}=0.9$；(c''') $h/D_{\mathrm{m}}=0.9$

(d) $h/D_{\mathrm{m}}=3.3$；(d') $h/D_{\mathrm{m}}=3.3$；(d'') $h/D_{\mathrm{m}}=3.3$；(d''') $h/D_{\mathrm{m}}=3.3$；

(e) $h/D_{\mathrm{m}}=4.5$；(e') $h/D_{\mathrm{m}}=4.5$；(e'') $h/D_{\mathrm{m}}=4.5$；(e''') $h/D_{\mathrm{m}}=4.5$；

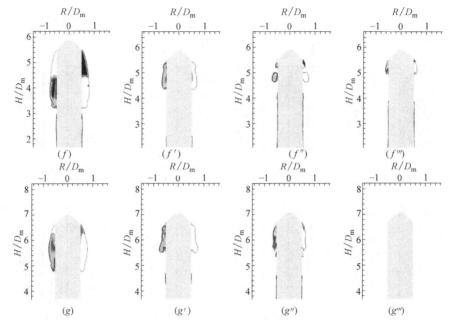

图 3-4　不同发射深度下肩空泡外形发展过程（三）

(f) $h/D_{\mathrm{m}}=6$；(f') $h/D_{\mathrm{m}}=6$；(f'') $h/D_{\mathrm{m}}=6$；(f''') $h/D_{\mathrm{m}}=6$

(g) $h/D_{\mathrm{m}}=7.2$；(g') $h/D_{\mathrm{m}}=7.2$；(g'') $h/D_{\mathrm{m}}=7.2$；(g''') $h/D_{\mathrm{m}}=7.2$

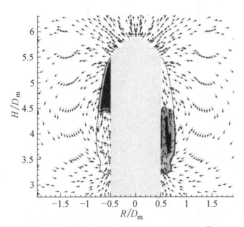

图 3-5　空泡内相分布和速度矢量分布（$\bar{t}=6$）

图 3-5 为 $\bar{t}=6$ 时流场相分布与速度矢量分布图。其中左边的为空泡内蒸汽相、右边为气相等值分布云图，黑色实线为取 $\alpha_l=0.2$ 时空泡轮廓线。在 $\bar{t}=6$ 时，因航行体表面空化数的降低，弹体肩部区域已经产生了明显的自然空化现象；自然空化产生的水蒸气与泡内空气并没有均匀地混合在一起，而是分布在空泡内两个独立的区域；自然空化在头部和柱段连接处产生，空泡后沿向下发展与空泡尾部回射气相产生碰撞，在空泡的中部附近形成明确的分界线，将空泡分成蒸汽相和空气相两部分；空泡内部蒸汽与空气的相互碰撞将改变流场的流线，对空泡的尾部形状及闭合方式产生影响，进而影响空泡的形态。

图 3-6 为 $\bar{t}=6$ 时表面压力分布与表面汽、水相体积分数分布图，从图 3-6 中可以看出空泡内的压力分布和相分布一样也是不均匀的，前端自然空化区域的压力已经降至饱和蒸汽压，而空泡中后部气相区域压强为 6～10kPa，远高于饱和

蒸汽压强；因而自然空化在前段产生，而在气、汽交界面溃灭；带出的筒内均压气体抑制了自然空化的向下发展；同时在自然空化和整个空泡闭合区域均有一个较大的压强突变。

图 3-7 为出筒过程空泡内气相和汽相无量纲体积随无量纲时间的变化曲线，从图 3-7（a）可以看出出筒空泡初始时主要是由均压气体组成，此时空化数比较大，并没有产生自然空化现象，均压气体先是压缩，随后迅速地膨胀，发射空化数越大，则环境压力越大，空泡内气相能膨胀到的最大体积也越小；经历一次压缩和膨胀后，工况 1 和工况 2 均产生明显的自然空化现象 ［如图 3-7（b）所示］；气相收缩最小值时，因自然空化所产生的汽相体积越大。同时可以发现，工况 1 与工况 2 因自然空化的产生，气相的体积波动衰减速度明显快于工况 3 和工况 4；4 种计算工况在最后计算时刻均产生了明显的自然空化现象。

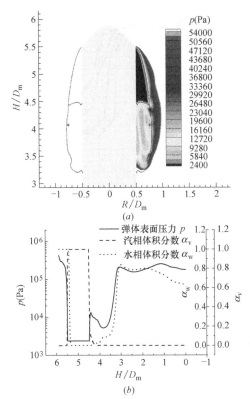

图 3-6 航行体表面压力、相分布图（$\bar{t}=6$）

（a）空泡内压力和各相等值分布图；
（b）航行体表面压力和相分布图

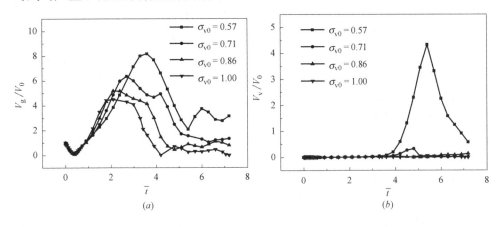

图 3-7 空泡内气、汽相体积随时间变化曲线

（a）不同出筒空化数下气相体积变化规律；（b）不同出筒空化数下汽相体积变化规律

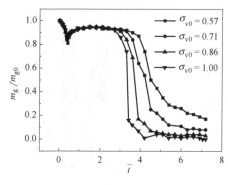

图 3-8　空泡内无量纲气相质量
随时间变化曲线

图 3-8 为 4 种发射工况下空泡内气体无量纲质量随无量纲时间变化曲线，其中 m_g 和 m_{g0} 分别为空泡内气体实时质量和初始时发射筒内均压气体的质量。从图 3-8 中可看出，4 种发射工况下，空泡内气体含量均有一个大面积脱落、空泡内气体质量急剧衰减的突变过程；此时，空泡尾部离开发射筒而闭合，随后空泡内的气体质量缓慢变化。同时，发射空化数对出筒空泡内气体尾部闭合时间点有影响，发射空化数越大，则空泡尾部闭合时间点相对越提前。对比图 3-7（a）可以发现，尽管空泡内的气体因脱落而带走了大量的气体，但是空泡中气体体积并没有相同量级的减小，由于航行体表面压力的降低，模拟发射工况 1 空泡内气相体积甚至大大地增加了。

3.5.2　发射弗劳德数对带均压气体出筒空泡影响

潜射航行体出筒过程不仅涉及发射时空化数的不同，而且针对不同发射任务，发射弗劳德数也不一样。在发射空化数相同的情况下，弗劳德数的不一致是否会影响出筒时空泡的生成与发展，本节通过改变发射速度和模型尺度的方法来研究弗劳德数对出筒空泡的影响规律，并且计算过程采用调整自由液面压力和航行体速度方式实现弗劳德数的单变量变化。计算过程时间步长取为：$\Delta \bar{t} = 0.01 L_{ref}/V_0$，其中 L_{ref} 为计算模型的直径，V_0 取为出筒时速度。

图 3-9 为不同发射弗劳德数工况下出筒空泡的演化过程，其中对称轴左侧为空泡内气相云图，右侧为自然空化产生的汽相分布云图，黑线为空泡轮廓线。由于发射初期空泡的相图分布与图 3-5 中的变化规律基本相似，因此本节只给出了离开筒口无量纲距离大于 3 时的空泡流场分布图。图 3-9（a）至图 3-9（a″）空泡轮廓基本一致呈现线轴形式，而图 3-9（a‴）与它们不同的是尾部为波浪式；在 $h/D_m \geqslant 4$ 时，空泡尾部的已经或者即将闭合，此时 4 种计算工况下空泡长度相当；尾部闭合后空泡长度方向迅速缩短，并且弗劳德数越大，空泡长度尺度缩减得越明显；在弹体离开发射筒时，工况 4 弹体表面生成的空泡长度最短。

图 3-10 为 4 种不同弗劳德数计算工况下，航行体出筒过程空泡体积和空泡内汽及气相体积随航行体离开筒口无量纲高度变化曲线。从图 3-10 可以看出弗劳德数越大，离开筒口相同的无量纲距离时空泡体积将越小，空泡尾部闭合位置离筒口的无量纲距离越近，空泡内气体衰减的速度也越快。

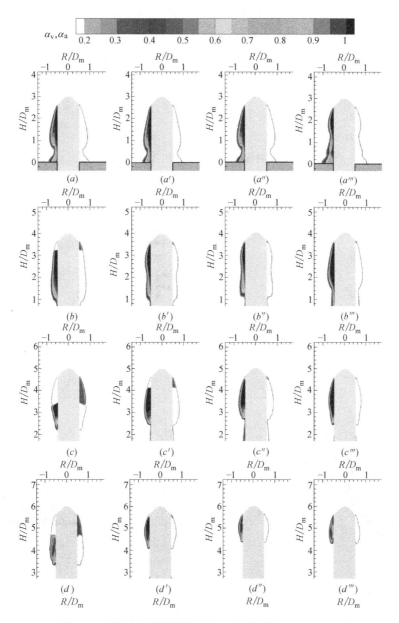

图 3-9　不同发射弗劳德数下肩空泡外形发展过程（一）

(a) $h/D_m=3$；(a') $h/D_m=3$；(a'') $h/D_m=3$；(a''') $h/D_m=3$

(b) $h/D_m=4$；(b') $h/D_m=4$；(b'') $h/D_m=4$；(b''') $h/D_m=4$

(c) $h/D_m=5$；(c') $h/D_m=5$；(c'') $h/D_m=5$；(c''') $h/D_m=5$

(d) $h/D_m=6$；(d') $h/D_m=6$；(d'') $h/D_m=6$；(d''') $h/D_m=6$

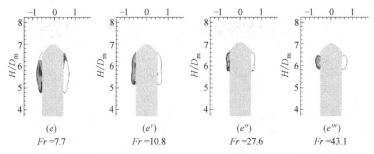

图 3-9　不同发射弗劳德数下肩空泡外形发展过程（二）

$(e)\ h/D_m=7$；$(e')\ h/D_m=7$；$(e'')\ h/D_m=7$；$(e''')\ h/D_m=7$

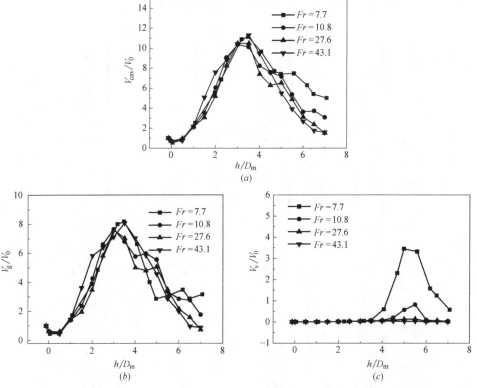

图 3-10　不同弗劳德数下无量纲气、汽相体积随无量纲时间变化曲线

（a）空泡无量纲体积随 h/D_m 变化曲线；（b）气相无量纲体积随 h/D_m 变化曲线；

（c）汽相无量纲体积随 h/D_m 变化曲线

3.5.3　模型尺度对带均压气体出筒空泡的影响

潜射航行体水下发射试验能得到航行体带均压气体出筒空泡的真实绕流，对其进行水动力测试可以取得完全真实的结果。但是这种试验耗资巨大，而且在设计阶段还不存在真实的航行体模型，无法进行实弹的水动力试验，只能模拟试验。缩比模型模拟试验与真实的全尺度模型发射试验相比，模拟试验能够分离流动的各个影响因素，有利于揭示流动的本质规律，便于综合取舍以求最佳的设计方案，并且实施方便，成本低，所以模拟试验是水动力设计的重要研究手段。模拟试验的理论依据是相似理论。相似理论要求，为了确保模拟试验的结论能够可靠地应用于实际流动，必须确保模拟试验的相似性。这就要求水动力试验的相似参数必须与实际流动相同。

用缩比模型对原型进行模拟试验，是航空学、船舶设计和流体力学领域的常用方法。模型试验的目的在于能够较准确地预测原型的性能。如果两组发射过程具有相似的物理现象，则在对应的时间-空间坐标点上，对应的物理量应该具有相同的比例常数。针对出筒过程，通常对 St、Fr、σ、Re 相等的流动，只要同时还具有相似的初始条件和边界条件，则认为两组发射过程中流场参数是相似的[3]。通常满足如下相似关系的发射过程，则认为它们之间是相似的。

1. 几何相似准则

$$\frac{l}{l_m}=\lambda\;;\frac{d}{d_m}=\lambda\;;\frac{h}{h_m}=\lambda \tag{3-9}$$

2. Fr 相似准则

$$\frac{V^2}{gl}=\frac{V_m^{\,2}}{g_m l_m} \tag{3-10}$$

如果 $g=g_m$，则：

$$\frac{V^2}{V_m^2}=\frac{l}{l_m}=\lambda\;,\frac{p-p_v}{\frac{1}{2}\rho V^2}=\frac{p_m-p_{vm}}{\frac{1}{2}\rho_m V_m^{\,2}}\Rightarrow\frac{p-p_v}{p_m-p_{vm}}=\frac{V^2}{V_m^{\,2}}=\lambda \tag{3-11}$$

3. St 相似准则

$$\frac{Vt}{l}=\frac{V_m t_m}{l_m}\Rightarrow\frac{V_m l}{V l_m}=\frac{t}{t_m}=\frac{\lambda}{\sqrt{\lambda}}=\sqrt{\lambda}\Rightarrow\frac{t}{t_m}=\sqrt{\lambda} \tag{3-12}$$

$\dfrac{V_m l}{V l_m}=\dfrac{t}{t_m}=\dfrac{\lambda}{\sqrt{\lambda}}=\sqrt{\lambda}$，因此：

$$\frac{t}{t_m}=\sqrt{\lambda} \tag{3-13}$$

4. σ 数相似准则

$$\frac{p-p_{\mathrm{v}}}{\frac{1}{2}\rho V^2}=\frac{p_{\mathrm{m}}-p_{\mathrm{vm}}}{\frac{1}{2}\rho_{\mathrm{m}}V_{\mathrm{m}}^{\ 2}} \tag{3-14}$$

如果不考虑介质和温度变化，$\rho=\rho_{\mathrm{m}}$，$p_{\mathrm{v}}=p_{\mathrm{vm}}$，则：

$$\frac{\rho V\mu_{\mathrm{m}}}{\rho_{\mathrm{m}}V_{\mathrm{m}}\mu}=\frac{l_{\mathrm{m}}}{l}=\frac{1}{\lambda} \tag{3-15}$$

5. Re 数相似准则

$$\frac{\rho V\mu_{\mathrm{m}}}{\rho_{\mathrm{m}}V_{\mathrm{m}}\mu}=\frac{l_{\mathrm{m}}}{l}=\frac{1}{\lambda} \tag{3-16}$$

如果不考虑介质的变化，$\rho=\rho_{\mathrm{m}}$，$\mu=\mu_{\mathrm{m}}$，则：

$$\frac{V}{V_{\mathrm{m}}}=\frac{l_{\mathrm{m}}}{l}=\frac{1}{\lambda} \tag{3-17}$$

从上面分析可以看出，在不改变流场介质和重力加速度情况下，缩比模型模拟试验是不能同时满足 Fr 和 Re 的相似。因此在进行数值模拟和缩比模型试验时必须对相似参数进行取舍。如果出筒过程具有较大的 Re 数，航行体表面从层流过渡到湍流边界层，雷诺数 Re 进入自模区，即粘性力系数已经不随 Re 变化。因此，本节在满足 Fr、St 和 σ 相似的情况下，对三种尺度的缩比模型进行数值模拟试验，对比分析尺度（Re）对计算出筒过程空泡形态的影响。模型和流场参数见表 3-1。

缩比模型相似参数　　　　　　　　　　　　　　表 3-1

相似数 λ	d_{m}	l_{m}	V_{m}	t_{m}	$p_{\mathrm{m}}-p_{\mathrm{v}}$	Re	Fr	σ
1	d	l	V	t	$p-p_{\mathrm{v}}$	2.7×10^5	30.5	0.57
1/2	$\dfrac{d}{2}$	$\dfrac{l}{2}$	$\dfrac{V}{\sqrt{2}}$	$\dfrac{t}{\sqrt{2}}$	$\dfrac{p-p_{\mathrm{v}}}{2}$	9.5×10^4	30.5	0.57
1/4	$\dfrac{d}{4}$	$\dfrac{l}{4}$	$\dfrac{V}{2}$	$\dfrac{t}{2}$	$\dfrac{p-p_{\mathrm{v}}}{4}$	3.4×10^4	30.5	0.57

计算过程时间步长取为：$\overline{\Delta t}=0.01L_{\mathrm{ref}}/V_0$，其中 L_{ref} 为计算模型的直径，V_0 取为出筒时速度。图 3-11 为 $\lambda=0.25$、$\lambda=0.5$ 和 $\lambda=1$ 时出筒过程空泡中气相质量和无量纲空泡体积变化过程，从图 3-11 可以得出，不同 λ 下空泡内气体质量和空泡体积的变化趋势基本一致，其量值随着 λ 的不同有小幅波动。从发射至空泡内气相第一次大面积脱落时，$\lambda=0.25$ 计算尺度的航行体模型生成无量纲空泡

体积和空泡内气相无量纲质量相对较小，而在经历一次膨胀后，其值介于 $\lambda=1$ 和 $\lambda=0.5$ 对应的值之间。最后在弹体全部离开筒口时，三者的无量纲空泡体积和质量基本一致。

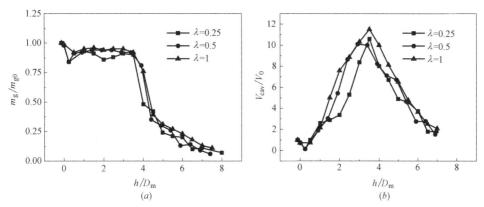

图 3-11　不同尺度下空泡内气相质量和空泡体积变化过程
（a）空泡内气体质量变化过程；（b）空泡体积变化过程

　　图 3-12 为三种尺度下空泡内气相和汽相变化过程，从图 3-12 中可以看出，不同尺度下出筒空泡无量纲气相和汽相体积变化趋势基本相同，只是在量值上有些波动。$\lambda=0.25$ 计算工况，在空泡 $h/D_m=5.5$ 时，因空泡内均压气体的脱落，空泡内压力迅速降低，产生了明显的自然空化现象；并且随着尺度的减小，空泡内均压气体脱落对空化数的影响也越明显。在 $h/D_m=7$ 航行体模型离开发射筒同时，三种尺度下的空泡内的气相体积基本相等。图 3-13 给出了空泡长度随 h/D_m 的变化曲线，从图 3-13 同样可以得出：在满足弗劳德数、空化数相似的情况下，三种不同计算尺度模型生成的肩空泡长度基本相等。

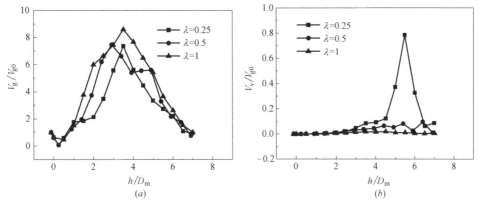

图 3-12　不同尺度下空泡内气相质量和汽相体积变化过程
（a）空泡内气体体积变化过程；（b）空泡内汽相体积变化过程

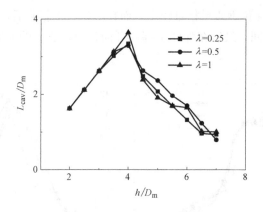

图 3-13　不同尺度下空泡长度变化过程

3.5.4　发射筒内均压气体属性对出筒空泡的影响

　　潜射航行体进行水下发射时，通常采用发射筒内充满空气的方法来平衡发射筒内和周围海洋环境的压力。本节通过设置发射筒内均压气体为 CO_2 和空气两种不同属性气体，在相同的工况（$Fr=7.7$，$\sigma=0.57$）发射过程进行数值模拟，研究了发射筒内均压气体属性对出筒空泡的影响。计算过程时间步长取为：$\Delta \bar{t}=0.01 L_{ref}/V_0$，其中 L_{ref} 为计算模型的直径，V_0 取为出筒时速度。

　　图 3-14 为两种不同均压气体空泡内气体质量和体积变化过程。从图 3-14 可以看出两种属性均压气体下变化趋势基本一致，只是空泡内气体脱落点和尾部闭合位置有所区别。二氧化碳作为均压气体时，一次压缩膨胀的周期相对越短，并且空泡尾部闭合点的位置也提前。但当航行体尾部离开筒口时，不管是空泡内气

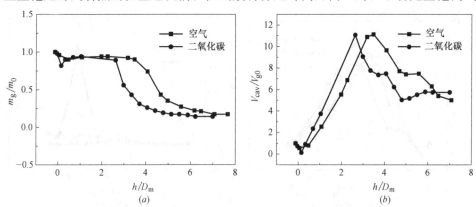

图 3-14　不同均压气体发射过程空泡内气相质量和空泡体积变化过程
(a) 空泡内气体质量变化过程；(b) 空泡内汽相体积变化过程

相无量纲气体质量还是空泡总体积的量值基本上都相等。这主要是由于与空气相
比，常温下的二氧化碳的声速和弹性模量相对较低，而更易被拉伸和压缩，所以
采用二氧化碳作为均压气体时，在航行体相同的运动距离下，二氧化碳先于空气
压缩至最小和拉伸至最大。因此，采用二氧化碳作为均压气体将获得更早的闭合
空泡。同时，又由于两种均压气体的密度均远小于水的密度，膨胀后最大的体积
基本相等，而受气体的属性影响不大。

图 3-15 不同均压气体属性下，空泡内气相和汽相体积变化过程，从图中可
以看出气、汽两相体积变化趋势基本与前面章节叙述相似，不过采用二氧化碳作
为均压气体时，气体质量衰减速度较空气时快，因空泡收缩而产生的自然空化点
也早于空气时。

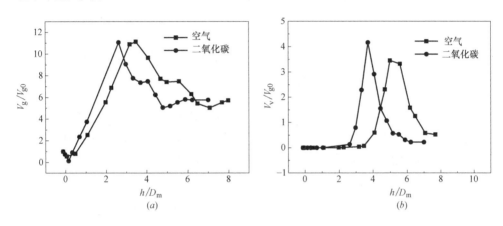

图 3-15 不同均压气体发射过程空泡内气相和汽相体积变化过程
（a）空泡内气相质量变化过程；（b）空泡内汽相体积变化过程

3.5.5 均压气体质量对出筒空泡的影响

为了进一步研究发射筒内气体质量对出筒空泡的影响，本节通过调节发射内
弹体头部和筒口薄膜之间距离的方式来调整发射筒内均压气体质量。在相同的发
射自然空化数、弗劳德数、斯特劳哈数和雷诺数情况下，对不同的弹头与筒口薄
膜之间距离进行了数值模拟，模拟结果如图 3-16 所示。

图 3-16 给出了出筒过程空泡体积和空泡气相质量的变化过程，三组计算工
况对应的弹头与筒口薄膜之间的距离分别为 $0D_m$、$D_m/8$ 和 $D_m/4$，初始时弗劳
德数和空化数为 $Fr=7.7$ 和 $\sigma=0.57$。时间步长取为：$\Delta t=0.01 L_{ref}/V_0$，其中
L_{ref} 为计算模型的直径，V_0 取为出筒时速度。模拟结果表明：（1）发射筒内均
压气体质量的多少对空泡前期发展影响比较大，均压气体越多，则第一次膨胀后

的体积越大，在随后的空泡尾部脱落带走的气体也越多；（2）在航行体尾部离开筒口时，均压气体质量的多少对空泡尺度的影响较小。

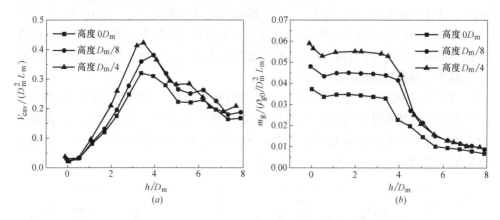

图 3-16　不同量均压气体情况下空泡体积及空泡内气相质量变化过程

（a）空泡体积变化过程；（b）空泡内气相质量变化过程

图 3-17 显示了均压气体质量对空泡内气相和汽相体积的变化过程，从图 3-17 可以看出均压气体质量对空泡内前期气相体积影响比较大，当航行体运动至其空泡内气相脱落、体积收缩时，空泡内将产生自然空化现象，自然空化的产生改变了气相体积的波动方式。

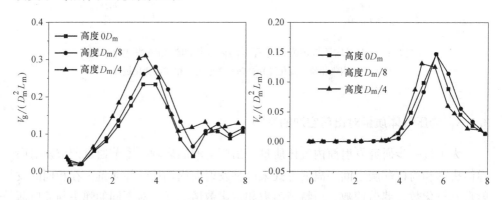

图 3-17　不同量均压气体情况下空泡内气相及汽相体积变化过程

（a）气相体积变化过程；（b）汽相体积变化过程

3.6　本章小结

本章在 Singhal 全空化模型的基础上考虑气相及其可压缩性的影响，提出气、汽和液三相可压缩质量输运空泡模型，并对潜射航行体出筒过程进行了适当简化，建立了潜射航行体带均压气体出筒过程的数值研究方法。通过将计算结果与试验数据对比验证的方式，确定了数值模拟过程不可凝结气体质量分数的选取。通过对带均压气体出筒空泡的研究，得到出筒过程空泡流场结构和压力分布，获得均压气体含量、气体属性、出筒弗劳德数、空化数、航行体尺度等对出筒空泡形态的影响规律。

第 4 章　潜射航行体出水阶段空泡流的数值模拟研究

4.1　引　　言

潜射航行体出水是一个十分复杂的物理过程，也是关系到航行体发射成功与否的最重要的过程之一。当航行体表面形成空泡并携带空泡以一定速度穿越水面时，航行体携带的位于空泡外侧的水层，在大气压力与泡内压力的作用下加速向内运动，原闭合的空泡将迅速收缩溃灭，在航行体表面形成空泡溃灭脉动冲击。

本章基于 FLUENT 中的 VOF 自由液面多相流模型，对带空泡出水阶段航行体受到的空泡溃灭载荷进行数值研究，得到出水过程空泡溃灭载荷的影响因素。

4.2　基于自由液面出水空泡数值方法

FLUENT 中 VOF 模型通过求解单独的动量方程和处理穿过区域的每一流体的体积分数来模拟两种或三种不混合的流体。在使用 VOF 模型处理空泡多相流问题时，必须遵守下列原则：

（1）必须基于压力求解器，而不能基于密度求解器；

（2）所有的控制容积必须充满单相或者混合相流体，而不存在没有任何流体的空白区域；

（3）不能用于周期流动（包括周期质量流动和压降）；

（4）不能应用大涡模拟湍流模型；

（5）不能用于二阶隐式的 time-stepping 公式；

（6）不能用于无粘流；

（7）不能用于壁面的壳传热模型。

在 FLUENT 中 VOF 模型通常用于非定常问题的数值求解，但是也可以执行稳态计算。只有当解是独立于初始边界条件并且其中某相为明显的流入边界时，稳态 VOF 计算才准确。例如，由于在旋转的杯子中自由表面的形状依赖于流体的初始水平，这样的问题必须使用 time-dependent 公式。另一方面，渠道内顶部有空气的水的流动和分离的空气入口可以采用 steady-state 公式求解。

4.2.1　基本方程

VOF 模型主要是针对两种或多种流体（或相）没有互相穿插的多相流问题求解。模型每增加一相，就需要引进对应相的体积分数变量。并且，每个控制体内，所有相的体积分数之和为 1。只要每一相的体积分数在每一位置是可知的，所有变量及其属性的区域被各相共享，并且代表了容积内的平均值。在任何给定单元内的变量及其属性或者纯粹代表了一相，或者代表了相的混合，这取决于体积分数的值。因此，如果第 q 相流体的体积分数记为 α_q，那么满足如下关系：

（1）$\alpha_q = 0$：第 q 相流体在单元中为空，即单元中不包含 q 相；

（2）$\alpha_q = 1$：第 q 相流体充满该单元；

（3）$0 < \alpha_q < 1$：单元中包含了第 q 相流体和其他相，该单元存在多相流体的界面。

界面捕捉是通过求解包含体积分数的连续性方程来获得的，其中连续性方程可表示为：

$$\frac{1}{\rho_q}\left[\frac{\partial}{\partial t}(\alpha_q \rho_q) + \nabla \cdot (\alpha_q \rho_q v_q)\right] = S_{\alpha_q} + \sum_{p=1}^{n}(\dot{m}_{pq} - \dot{m}_{qp}) \tag{4-1}$$

其中，$\dot{m}_{qp}$ 为第 q 相至第 p 相的质量传输，$\dot{m}_{pq}$ 为第 p 相至第 q 相的质量传输，S_{α_q} 为源项，它是每一相指定的常数或定义的质量源，这里取为零；n 为流场中的相数；体积分数满足：

$$\sum_{p=1}^{n} \alpha_p = 1 \tag{4-2}$$

如果网格单元中的体积分数已知，则混合物的密度可表示为：

$$\rho = \sum_{p=1}^{n} \alpha_p \rho_p \tag{4-3}$$

混合相的动量方程可表示为：

$$\frac{\partial}{\partial}(\rho v) + \nabla \cdot (\rho v v) = -\nabla p + \nabla\left[\mu(\nabla v + \nabla v^{\mathrm{T}})\right] + \rho g + F \tag{4-4}$$

式中，p 为混合物的压强；μ_{m} 为混合物的动力粘性系数，$\mu_{\mathrm{m}} = \sum_{k=1}^{n} \alpha_k \mu_k$，$g$ 为重力加速度；F 为体积力项。湍流模型选择取 RNG k-ε 湍流模型封闭方程中的粘性项。

Schnerr-Sauer 空化模型，代表汽化和液化过程的源相 R_{e} 和 R_{e} 可表示为

$$\begin{cases} R_{\mathrm{e}} = \dfrac{\rho_l \rho_v}{\rho_{\mathrm{m}}} \alpha_v \alpha_l \dfrac{3}{\Re_{\mathrm{B}}}\left[\dfrac{2}{3}\dfrac{p_v - p}{\rho_l}\right]^{1/2} & p \geqslant p_v \\ R_{\mathrm{c}} = 0 \end{cases} \tag{4-5}$$

$$\begin{cases} R_e = 0 \\ R_c = \dfrac{\rho_l \rho_v}{\rho_m} \alpha_v \alpha_l \dfrac{3}{\Re_B} \left[\dfrac{2}{3} \dfrac{p - p_v}{\rho_l} \right]^{1/2} \quad p < p_v \end{cases} \tag{4-6}$$

式中，$\Re_B$ 为气泡半径，$\Re_B = \left(\dfrac{\alpha_v}{\alpha_l} \dfrac{3}{4\pi} \dfrac{1}{n} \right)^{\frac{1}{3}}$，其中 n 为单位体积气泡数，$n = 1 \times 10^{13}$；p_v 为指定温度下水的饱和蒸汽压力。

假定航行体为刚体，航行体边界运动方程采用如下离散形式：

$$u_i = u_{i-1} + \frac{F_{i-1}}{m} \Delta t \tag{4-7}$$

式中，Δt 为时间步长；v_i 和 v_{i-1} 分别代表第 i 和 $i-1$ 个时间步的速度；F_{i-1} 为第 $i-1$ 个时间步航行体受到的合力。其中合力为

$$F = F_G + F_B + F_V + F_P \tag{4-8}$$

式中，F_G 和 F_B 分别为航行体受到的重力和推力，由初始条件给出；F_P 和 F_V 分别为航行体受到的压差阻力和摩擦阻力，从非稳态流场的计算得出。

4.2.2　界面计算

FLUENT 中 VOF 模型有四种可供选择的计算界面通量的方法，它们分别为：几何重建法、物质接受法、欧拉显式法和隐式法。在几何重建和物质接受方案中，FLUENT 用了特殊的插值处理两相之间界面附近的单元。图 4-1 显示了用这两种方法计算过程中沿着假定的界面的实际界面的形状。

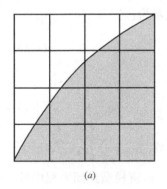 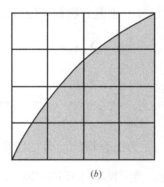 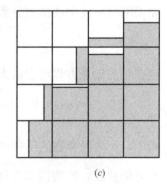

(a)　　　　　　　　　　(b)　　　　　　　　　　(c)

图 4-1　界面计算
(a) 实际分界面；(b) 几何重建插值；(c) 物质接受插值

1. 几何重建法

在几何重建方法中，FLUENT 将标准插值方法应用于获得界面通量。该方

法使用线性分段的方法描绘了流体之间的界面。FLUENT 中这个方案是最精确的，并适合于通用的非结构化网格。几何重建法最早是学者 Youngs 从非结构化网格中归纳出来的。他假定两流体之间的界面在每个单元内有一个线性面，并使用这个线性面计算穿过单元面流体的水平对流，几何重建法分为三步进行：第一步是根据容积分数和由此引出的其他信息计算界面相对于单元中心的位置；第二步是通过界面的线性描绘和界面法向和切向速度分布计算穿过每个面流体的水平对流量；第三步是使用前面的步骤中计算的通量平衡计算每个单元的容积分数。

2. 物质接受法

物质接受法是指把一个单元看作某相流体的捐赠者（donor），而把相邻的单元看作相同数量流体的接受者（acceptor），这样就防止了界面上的数值扩散的方法。跨过单元边界某相流体的对流数量由两最小值限制：捐赠单元的充满容积和接受单元的自由容积。同时界面的方向也用于决定面的通量。界面的方向是水平的还是垂直的，取决于单元内第 q 相的容积分数梯度的方向和共享面的相邻单元。根据界面的方向和运动，通量值通过纯迎风、纯顺风或二者联合获得。

3. 欧拉法

欧拉显式和隐式方案以相同的插值方式处理这些完全充满一相或多相的单元（也就是，使用标准迎风、二阶或者 QUICK 格式），而不采用特殊的处理。

（1）欧拉显式法

在欧拉显式方法中，FLUENT 用标准的有限差分插值方案计算前一时间步的容积分数。

$$\frac{\alpha_q^{n+1} - \alpha_q^n}{\Delta t}V + \sum_f (U_f^n \alpha_{q,f}^n) = 0 \qquad (4-9)$$

式中，α_q^{n+1} 为新时间步的指标，n 为前一时间步的指标，$\alpha_{q,f}$ 为应用迎风格式或者 QUICK 格式计算得到的第 q 相的界面体积分数，V 为单元的容积，U_f 为穿过界面的体积通量。

（2）欧拉隐式法

在隐式插值方法中，FLUENT 用标准的有限差分插值方案获得所有单元和界面附近的面通量。

$$\frac{\alpha_q^{n+1} - \alpha_q^n}{\Delta t}V + \sum_f (U_f^{n+1} \alpha_{q,f}^{n+1}) = 0 \qquad (4-10)$$

由于这个方程需要当前时间步的体积分数值（而欧拉显式方案需要上一时间步），在每一时间步内，标准的标量输送方程为第二相的体积分数迭代性地求解。隐式方案可用于时间依赖和稳态的计算。

4. 时间依赖

对时间依赖的 VOF 计算，使用显式的时间匹配方案。FLUENT 自动地为体积分数方程的积分细分时间步长，但是可以通过修改 Courant 数影响这个时间步长。可以选择每一时间步更新一次体积分数，或者每一时间步内的每一次迭代更新一次。

5. 表面张力和壁面粘附

VOF 在对自由界面进行插值计算时，需要涉及表面张力和接触角的定义，下面介绍表面张力和接触角的定义与选取。

（1）表面张力

表面张力是液体表面层由于分子引力不均衡而产生的沿表面作用于任一界面上的张力。FLUENT 中表面张力模型是由 Brackbill 等提出的连续表面力模型得到。该模型表面张力在计算中体现为动量方程中的体积力源项：

$$F_{\mathrm{vol}} = \sum_{\mathrm{pairs}\ ij,\,i<j} \sigma_{ij} \frac{\alpha_i \rho_i \kappa_j \ \nabla\alpha_j + \alpha_j \rho_j \kappa_i \ \nabla\alpha_i}{\dfrac{1}{2}(\rho_i + \rho_j)} \tag{4-11}$$

式中，$\nabla\alpha$ 为体积分数的梯度，σ 为张力系数，κ 为表面曲率。

（2）壁面粘附

在 VOF 模型中，选用表面张力模型同时需要指定壁面粘附角的大小。FLUENT 中壁面粘附角的选取是基于 Brackbill 等人的研究而得来。Brackbill 将流体与壁面产生接触角用于调整壁面附近单元表面的法向，而不是强加给壁面本身的边界条件。这个动力壁面边界条件使得壁面附近表面曲率得到调整。如果 θ_{w} 是壁面的接触角，那么紧贴壁面的实际单元的表面法向为：

$$\hat{n} = \hat{n}_{\mathrm{w}}\cos\theta_{\mathrm{w}} + \hat{t}\sin\theta_{\mathrm{w}} \tag{4-12}$$

式中，$\hat{n}$、$\hat{t}$ 分别是壁面的单位法向量和切向量。

4.2.3　计算模型与边界条件设置

美国水下发射试验中心水弹道学试验室（UNC）在减压箱内对航行体带空泡出水进行试验研究，试验模型为带有探针的加工有凹槽的半球形头部、一个柱面中段和一个线轴形尾部的轴对称体。计算模型选取为文献［195］中的试验模型，如图 4-2 所示。模型柱段直径为 50.8mm；半球头形的弹头切削出一个宽 8mm、深 1.59mm 的同心凹槽，由此来人为地激起湍流流动和稳定空泡的生成。模型的前端为一个长 38.1mm×ϕ1.59mm 的探针。

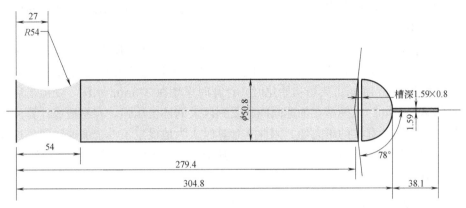

图 4-2　计算模型（单位：mm）

由于计算模型具有轴对称性，计算过程简化为二维轴对称域流场进行计算。计算区域如图 4-3 所示，整个计算区域分为动网格区域与静网格区域。网格划分采用了分块结构化网格划分的方法，其中弹体壁面附近区域采用了 C 型网格进行加密（图 4-4）。初始时计算总单元数为 159918，其中动网格区域节点数为

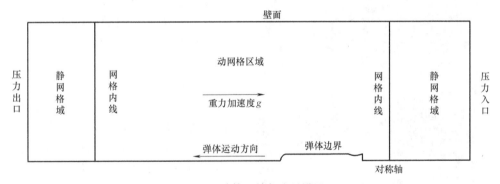

图 4-3　计算区域与边界设置

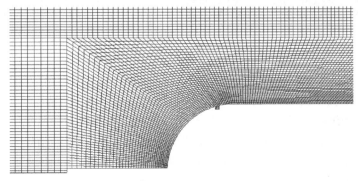

图 4-4　头部区域网格加密

126006，静网格区域节点数为 33912；动态网格更新采用动态层更新法，网格分裂与合并满足关系式（2-28）和式（2-29）。

自由液面上方与大气相通的边界设为压力出口，其中压力出口边界静压为 0.2atm。发射水箱底部设为压力入口边界，压力入口边界总压力为环境压力加水深静压为 0.271atm。流场初始化时，计算时模型在 338mm 水深，受撞击后从静止加速至 26m/s。模型在加速瞬间将受到巨大的冲击压强，容易造成计算流场的压力难于回到真实的压力场，因此在计算时人为地设定了一个加速时间。迭代计算时间步长取为：$\Delta \bar{t}=0.005 L_{ref}/V_0$，其中 L_{ref} 为计算模型的直径，V_0 取为出水时航行体运动速度。

4.2.4　数值计算方法的试验验证

图 4-5 给出了航行体发射后水下航行体头部触水前的空泡发展过程。从图 4-5 可以看出：在航行体发射时表面空化数约为 0.05，航行体的肩部和尾部迅速生成透明的空泡，并随着航行体向水面运动而逐渐拉长。模型前端探针处空泡形成并脱落。模型肩部的空泡前沿稳定在凹槽处，空泡的后沿随着航行体向水面运动不断地发展拉长，在探针接近水面时前端空泡与尾空泡连接，形成通体超空泡。

图 4-6 给出了上升过程计算模型表面压力分部变化过程，从图中可以看出：（1）在探针和头部位置有一个压力峰值点，并且压力峰值随着模型向上运动逐渐降低；（2）模型表面压力直线段为自然空化区域，空化区域的前沿固定，低压直线段的尾部随着模型向上运动而逐渐后移，进入自然空化区域逐渐增长。

$t=-1\text{ms}$　$t=-0.8\text{ms}$　$t=-0.6\text{ms}$　$t=-0.4\text{ms}$　$t=-0.2\text{ms}$

图 4-5　航行体头部触水前空泡发展过程

图 4-7 给出了航行体出水时的空泡的溃灭过程仿真结果与试验结果。仿真结果与文献中试验数据均可以看出：航行体出水时头部水面被抬高，空泡前沿跟随水面的抬高而继续上升。随着水面的上升，表面张力的增大和前端绕流的降低，航行体表面空化数迅速增大。由于惯性作用，附着于航行体表面的空泡随着航行体的运动跃出适于空化区域而接近水面，随后空泡将沿轴向迅速溃灭，并且空泡均在水面以下溃灭；同时，从试验和仿真结果中可以看到出水时，前面探针带出

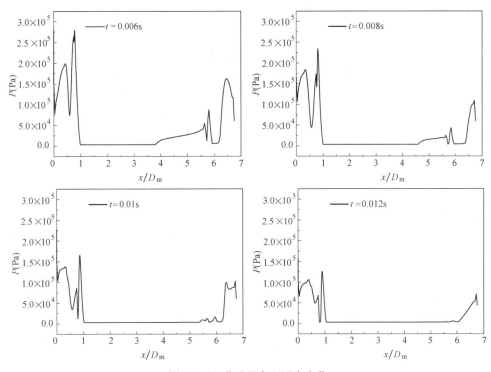

图 4-6　上升过程表面压力变化

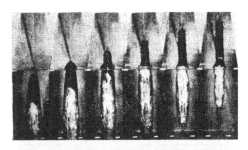

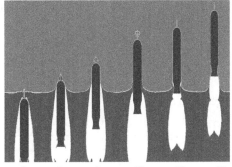

图 4-7　出水空泡溃灭过程

的水花在模型前端加速运动。数值模拟结果与试验结果比较一致，空泡溃灭规律
基本相同，这也证明了数值方法的有效性。

　　图4-8为出水过程航行体表面压力变化过程，从图4-8中可以看出，当航行
体刚刚出水时，由于在水面形成兴波，并且空泡前沿继续跟随航行体向上运动，
空泡前沿位置不变；当运动至8ms时，航行体头部离开水面，空泡前沿下移并
与兴波液面接触，空泡前沿开始迅速下移；当运动至12ms时，空泡前沿下移速
度已经大于航行体运动速度，空泡前沿降低至自由液面以下，空泡体积迅速收

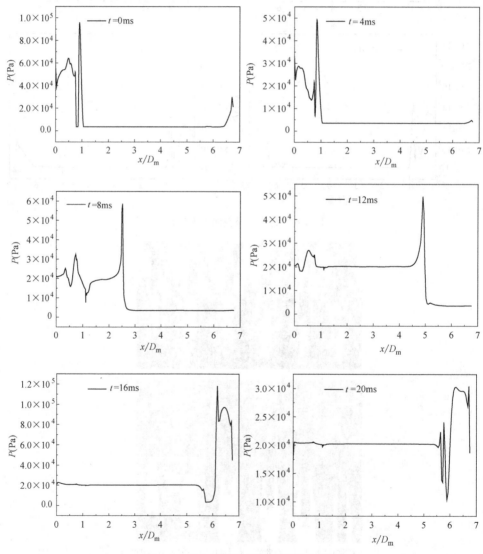

图 4-8　出水过程航行体表面压力变化

缩；随后空泡在尾部闭合，在航行体尾部产生强烈的冲击载荷。

图 4-9 为航行体运动过程中流体动力和速度随发射时间的变化曲线，从图 4-9 中可以看出，发射后粘性阻力系数变化不大，压差阻力系数先是波动减小，然后在出水过程压差阻力系数在空泡溃灭前基本保持不变；当空泡发生溃灭时，瞬间产生一个轴向载荷，影响航行体的压差阻力系数和出水速度，空泡溃灭后压差阻力系数又逐渐降低；最后当航行体全部出水时，由于空气的密度远小于水的密度，航行体受的压差阻力也因此而迅速地降低。

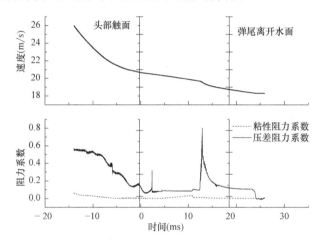

图 4-9　出水过程流体动力及速度变化

4.3　出水空泡溃灭影响因素分析

由上节的研究结果可知，出水过程空泡在航行体表面溃灭会产生冲击载荷，影响航行体的流体动力和结构强度；又由于出水过程空泡溃灭与当地力学环境有关，如何确定出水过程空泡溃灭方式和溃灭冲击载荷成为工程中十分关心的课题。本节通过调整航行体出水过程中主要相似参数的方法，研究航行体表面空泡溃灭形式和溃灭冲击载荷。

4.3.1　计算模型与网格划分

在前面算法的基础上，本章研究了典型航行体模型出水过程空泡溃灭特性。计算模型为直径为 D_m、长度 $L_m = 7D_m$ 的旋成体，模型的头部倾角 $45°$。计算区域与边界如图 4-10 所示，计算网格采用分块结构化网格，并对航行体附近网格进行了加密，如图 4-11 所示。

图 4-10　计算区域与边界设置

图 4-11　航行体附近区域的分块结构化网格

4.3.2　出水空化数对出水空泡溃灭影响分析

为了进一步研究出水空泡溃灭形式，本节研究了航行体在相同速度、不同空化数情况下，出水空泡的溃灭形式。对航行体出水 $Fr=10.1$，空化数分别为：$\sigma=0.19$、$\sigma=0.32$ 和 $\sigma=0.40$ 计算工况进行模拟。时间步长取为：$\Delta t = 0.005L_{\text{ref}}/V_0$，其中 L_{ref} 为计算模型的直径，V_0 取为出水时航行体运动速度。

图 4-12 给出了出水过程空泡溃灭过程，从图 4-12 中可以看出：（1）出水过程空泡溃灭形式和空化数密切相关，当出水空化数和弗劳德数均较小时，一部分

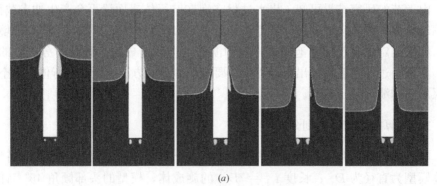

(a)

图 4-12　不同出水空化数下空泡溃灭过程（一）

(a) $\sigma=0.19$，$Fr=10.1$；

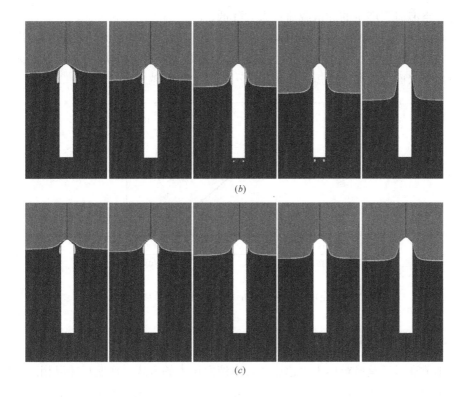

图 4-12　不同出水空化数下空泡溃灭过程（二）

(b) $\sigma=0.32$，$Fr=10.1$；(c) $\sigma=0.40$，$Fr=10.1$

空泡被带出水面后在航行体表面溃灭，剩下的空泡迅速向下收缩，并在水面以下溃灭；（2）在小弗劳德数、大空化数情况下，空泡在出水时在水面以下被压缩至溃灭；（3）空泡全部溃灭时，头部离开水面的高度与出水空化数有关，空化数越大，空泡溃灭时离开水面距离越小（空泡溃灭所需时间越短）。

图 4-13 为出水过程空泡溃灭时航行体表面压力分布，从图 4-13 中可以看出：（1）出水过程中空泡溃灭将在航行体表面产生冲击载荷，空泡溃灭载荷随着环境压强的降低、表面空化数的减小，空泡溃灭载荷反而越大。（2）当空化数和弗劳德数足够小的情况下，空泡溃灭时，本节计算模型航行体表面出现两个压强峰值，因此航行体在出水过程将受到多点拍击情况；

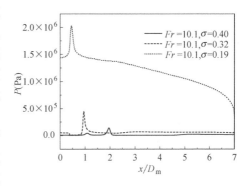

图 4-13　空泡溃灭时航行体表面压力分布

此时，空泡溃灭产生的冲击载荷也大大降低。

图 4-14 为不同空化数情况下，空泡溃灭时航行体头部离开水面距离随出水空化数的变化规律，从图 4-14 中可得知：随着出水空化数的增大，空泡溃灭时头部离开水面的距离也越短，即空泡溃灭所需的时间越短。

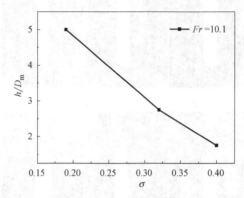

图 4-14　空泡溃灭时头部距水面高度随出水空化数变化

4.3.3　出水弗劳德数对出水空泡溃灭影响分析

本节通过调整航行体出水速度和自由液面压力的方式，使航行体以相同空化数、不同弗劳德数出水。对出水空化数为 $\sigma = 0.32$，弗劳德数分别为：$Fr = 10.1$、$Fr = 15.1$ 和 $Fr = 20.2$ 计算工况出水空泡的溃灭形式进行了数值模拟。数值迭代时间步长取为：$\overline{\Delta t} = 0.005 L_{ref}/V_0$，其中 L_{ref} 为计算模型的直径，V_0 取为航行体出水时运动速度。

图 4-15 给出了出水过程空泡溃灭过程，从图 4-15 中可以看出：（1）在本节所选取的相似参数条件下，空泡溃灭时，模型航行体表面均出现两个压强峰值，

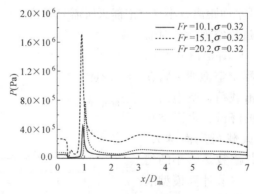

图 4-15　空泡溃灭时航行体表面压力分布

也就是在航行体表面出现分段溃灭现象；（2）航行体在出水过程溃灭载荷不是在肩部空泡完全消失的时刻，在空泡将受到多点、多次拍击时，所产生的空泡溃灭载荷有可能大于最后空泡完全消失时的载荷。

4.4　本 章 小 结

本节基于 FLUENT 均质多相流模型中的 VOF 模型，考虑自由液面、空化过程的质量输运关系及流场的粘性、湍流等因素，对出水空泡溃灭进行了数值研究。并对航行体带空泡出水过程进行了数值研究，得出如下结论：

（1）通过对美国发射试验中心的试验模型进行数值模拟研究，对比分析出水过程空泡的溃灭过程相分布云图，结果表示：数值模拟结果和试验结果具有相同的空泡溃灭形式。

（2）航行体出水过程空泡溃灭在航行体表面产生强烈的冲击载荷，空泡溃灭冲击载荷对航行体的流体动力和结构强度均有直接影响。

（3）航行体出水过程空泡溃灭形式和出水时的相似参数有关。当弗劳德数比较大时，空泡溃灭过程主要表现为：空泡跟随航行体上升，然后与大气接触，最后迅速向下溃灭；当航行体弗劳德数较小，空化数较大时，在航行体出水空泡容易出现分段溃灭现象，即在航行体表面出现拍击现象；分段溃灭将空泡溃灭能量逐渐释放，因而产生的溃灭载荷也将较低；当航行体弗劳德数和空化数均较小时，空泡溃灭方式又容易产生一次性溃灭现象，并在航行体表面产生强烈的冲击载荷。

第5章 潜射航行体通气空泡形态的数值模拟研究

5.1 引　言

在前面的章节中介绍了潜射航行体发射过程航行体表面空泡的生成、发展及出水溃灭过程，并分析对比了不同模型和流场参数对发射过程空泡形态的影响。由于潜射航行体发射后运动过程深度不断变化，因而航行体表面空泡具有瞬态性，空泡的尺度不断变化，这使得潜射航行体发射过程的流体动力存在非定常性；并且航行体表面空泡出水溃灭形成瞬时的冲击载荷，对航行体的结构强度产生极大的影响。因此，如何获得比较稳定的出水前空泡形态对潜射航行体的设计具有重要意义。在第2章已经介绍了采用改变头形的方式来抑制表面空泡的产生，本章提出了往航行体肩部通气的方式来控制出水前空泡大小的方法。

本章结合基于 Fluent 中 mixture 均质平衡多相流法和独立膨胀原理两种数值求解方法，对重力场中定常通气空泡和非定常通气空泡进行数值研究。通过对航行体水下航行阶段及出水前的空泡形态进行了研究，分析了发射弗劳德数、空化数、深度、加速度、倾角等对出水前空泡形态的影响。

5.2　基于 N-S 方程的通气空泡数值研究

5.2.1　基本方程组

1. 控制方程

$$\frac{\partial \rho_{\mathrm{m}}}{\partial t} + \nabla \cdot (\rho_{\mathrm{m}} \vec{v}_{\mathrm{m}}) = 0 \tag{5-1}$$

$$\frac{\partial}{\partial t}(\rho_{\mathrm{m}} \vec{v}_{\mathrm{m}}) + \nabla \cdot (\rho_{\mathrm{m}} \vec{v}_{\mathrm{m}} \vec{v}_{\mathrm{m}}) = -\nabla p + \nabla \cdot [\mu_{\mathrm{m}} (\nabla \vec{v}_{\mathrm{m}} + \nabla \vec{v}_{\mathrm{m}}^{\mathrm{T}})] + \rho_{\mathrm{m}} \vec{g} + \vec{F} \tag{5-2}$$

$$\frac{\partial}{\partial t} \sum_{k=1}^{n} (\alpha_k \rho_k E_k) + \nabla \cdot [\alpha_k \vec{v}_{\mathrm{m}} (\rho_k E_k + p)] = \nabla \cdot (k_{\mathrm{eff}} \nabla T) + S_{\mathrm{E}} \tag{5-3}$$

式中，ρ_{m} 为气、水混合物的密度，定义为 $\rho_{\mathrm{m}} = \alpha_l \rho_l + \alpha_g \rho_g$，其中 ρ_{g}、ρ_l 分别为

气、水的密度，α_g、α_l 分别为气、水的体积分数；$\vec{v}_m$ 为混合物速度。式中，μ_m 是混合物的运动粘性系数，$\mu_m = \sum\limits_{k=1}^{n} \alpha_k \mu_k$，其中 n 是相数；$\vec{F}$ 是体积力。$E_k = h_k - \dfrac{p}{\rho_k} + \dfrac{v_k^2}{2}$，其中 h_k 为第 k 相显焓；k_{eff} 为有效热传导率，方程右端第一项为由于传导造成的能量传递，第二项 S_E 则包含了所有体积热源。

2. 状态方程

空泡通入气体为理想气体，满足理想气体状态方程：

$$\rho_g = \frac{Wp}{RT} \tag{5-4}$$

Edwards 在水微可压缩基础上进一步推导得出了水的密度温度函数关系[196]：

$$\frac{\rho_l}{\rho_c} = 1 + b_1 \theta^{\frac{1}{3}} + b_2 \theta^{\frac{2}{3}} + b_3 \theta^{\frac{5}{3}} + b_4 \theta^{\frac{16}{3}} + b_5 \theta^{\frac{43}{3}} + b_6 \theta^{\frac{110}{3}} \tag{5-5}$$

式中，$\theta = 1 - T/617.14$；ρ_c 为特定条件下水的密度：$\rho_c = 332 \mathrm{kg/m^3}$；系数 b 的取值见表 5-1。

					b 系数取值	表 5-1

b_1	b_2	b_3	b_4	b_5	b_6
1.99206	1.10123	0.512506	1.75263	45.4485	6.75615×10^5

5.2.2　计算模型与数值方法

　　计算流场示意图如图 5-1 所示，因计算模型具有轴对称性，计算过程采用轴对称流场进行计算。计算模型为直径 8mm、厚度 2mm 的倒梯形圆盘空化器，在空化器内表面设置了一个环面通气口，整个流场计算区域为 1600mm×2000mm。来流和通气入口定义为压力入口边界，出口为压力出口边界，其中出口压力为水深静压。为了提高收敛速度，不同于文献[197] 中流场壁面边界，流场壁面设置为滑移壁面。为了保证弗劳德数相似，重力加速度取为 98m/s²，方向与来流方向一致。

　　空泡流数值模拟属于复杂的多相流数值模拟，良好的物理模型和网格质量直接关系到计算的收敛速度和精度。采用自定义 size_function 的方法来控制计算区域的网格大小，以空化器壁面作为网格划

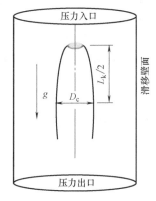

图 5-1　计算域示意图

分源，对空化器周围网格进行局部加密（图 5-2）。计算中求解基于 FLUENT 有限体积进行离散求解，求解过程采用 SIMPLEC 算法，对于动量方程中的对流项采用二阶迎风格式，压力项离散采用 PISO 离散格式。

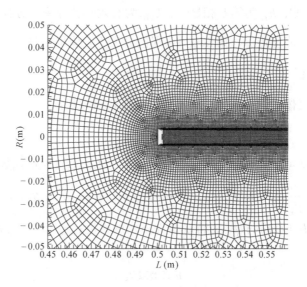

图 5-2　网格局部加密

5.2.3　重力静压梯度场通气空泡流场分析

在空化数 $\sigma_g = (p_\infty - p_0)/\frac{1}{2}\rho V_\infty^2$ 和弗劳德数 $Fr = V_\infty/\sqrt{gD_n}$ 定义中，p_∞ 取为空化器所在水深环境压力，p_0 为空泡内压力（本节取为空化器厚度截面压力平均值），V_∞ 为来流速度，D_n 为空化器直径。计算过程中，通过改变来流压力水头调整流场速度和弗劳德数。在恒定的速度下，通过改变通气口压力来调整空泡内压力，成功地模拟了低弗劳德数、小空化数下稳定通气空泡形态。

图 5-3 为 $Fr = 9.56$、$\sigma_g = 0.03$，流场和通入气体温度均为 298K 时，流场静压分布云图，静压随着水深从 0.05MPa 增加至 0.25MPa，从图中可知本计算方法实现了重力静压梯度场的数值模拟。此时，空泡内气相云图和速度矢量图如图 5-4 所示，从图中可以看到，空泡生成后惯性向下延伸，冲出维持空泡的压力，此时环境压力大于空泡内压力，空泡将溃灭并产生强回流，并在空泡内部形成复杂的涡漩流。

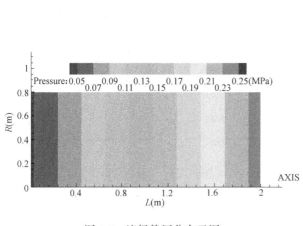

图 5-3　流场静压分布云图

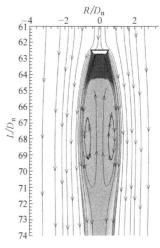

图 5-4　空泡气相云图与速度矢量图

5.2.4　垂向温度场对空泡形态的影响

水下垂直运动的航行体环境压力随着水深不断地改变，流场的环境温度也随着海洋水深改变而不断地变化。为了精确模拟重力静压梯度场中的空泡流，首先应分析环境温度对空泡形态的影响。通过将入口边界水相温度定义为时间的函数关系，速度恒定的方式模拟非稳态空泡形态随温度场的变化过程。入口边界的温度范围为 273K～298K，随时间变化关系如图 5-5 所示。空泡内通入 298K 的理想气体，通气总压力为 86126Pa。非稳态时间步长 $\Delta t = 10^{-4}$ s，流场 $Fr = 10.56$。

图 5-6 为 $Fr = 10.56$、$\sigma = 0.049$ 时，空泡无量纲长度和直径随温度的变化曲线。图 5-6 中 D_c 为空泡最大直径，L_k 为空化器头部至空泡最大直径处长度的两倍。从图 5-6 中可以看出，空泡无量纲

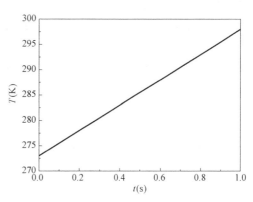

图 5-5　入口边界温度随时间变化关系

长度和无量纲直径均随着温度的提高先增大后减小。其中空泡无量纲长度和无量纲直径的最大变化量分别为 0.00325 和 0.025，均远小于它们的平均无量纲长度 11.47206 和无量纲直径 2.6594。因此，垂向温度场对水下垂直运动航行体表面空泡的形态影响很小，数值模拟重力静压梯度场中小空化数通气空泡流可以将海

洋流场近似地作为等温场处理。

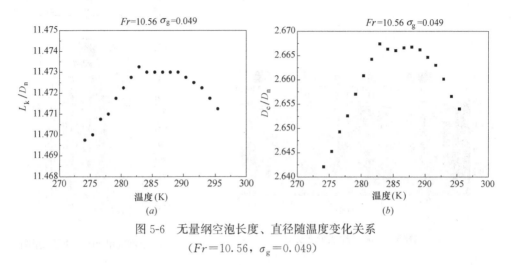

图 5-6 无量纲空泡长度、直径随温度变化关系

($Fr=10.56$，$\sigma_g=0.049$)

5.2.5 等温重力静压梯度场通气空泡形态分析

图 5-7 和图 5-8 为弗劳德数分别为 9.25、10.56 和 11.72 时，无量纲空泡长度和无量纲直径随空化数、弗劳德数变化的曲线。从图 5-7、图 5-8 中可以看出，空泡长度与空泡直径均随着空化数的减小而增大，在长度方向的增长速度明显较直径方向增长要快。而在相同空化数条件下，空泡长度和空泡直径均随着弗劳德数的增加而增大，表明重力静压梯度场抑制了空泡的发展。空泡生成并继续向下游发展时，随着水深的增加、环境压力的增大，空化数不断增大，空泡将收缩溃灭。与不考虑重力相比，重力静压梯度场中的空泡沿轴向的发展受到了约束，这种影响随着弗劳德数增大而不断减少。在较大空化数情况下，弗劳德数对空泡长

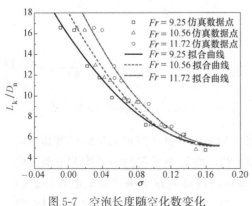

图 5-7 空泡长度随空化数变化

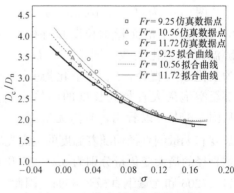

图 5-8 空泡直径随空化数变化

度和空泡直径影响并不是很大，这主要是由于这时空泡尺寸主要取决于空化器的
大小，而受流场参数的影响比较小。

　　图 5-9 给出了空化数为 0.03，弗
劳德数分别为 9.25、10.56 和 11.72
时的空泡轮廓曲线。从图中可直观地
看出，在相同空化数情况下，空泡尺
寸随着弗劳德数增大而增大，表明空
泡流受到了重力的影响，并且随着弗
劳德数增大，重力影响不断减弱。

　　为了验证计算的正确性，将等温
流场中仿真结果与文献［197］中的
经验公式和文献［62］中的试验结果
进行了对比。Vasin 在 logvinovich 提
出的独立膨胀原理基础上考虑轴向重
力，将该理论应用到垂直重力场中轴
对称空泡的研究，并给出了空泡轮廓

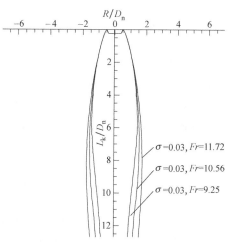

图 5-9　重力静压梯度场中空泡轮廓

的解析解，其中最大长度与空化数和弗劳德数关系为：

$$\frac{L_{\mathrm{k}}}{D_{\mathrm{n}}Fr}=-\frac{3}{4}\sigma_{\mathrm{g}}Fr+\sqrt{\frac{9}{16}\sigma_{\mathrm{g}}^{2}Fr^{2}+\frac{3}{2}\alpha} \tag{5-6}$$

　　图 5-10 给出了本节仿真结果与引用文献中的经验公式和试验数据对比关系，
从图中可以看出，随着无量纲参数 $\sigma_{\mathrm{g}}Fr$ 逐渐增大，$L_{\mathrm{k}}/D_{\mathrm{n}}Fr$ 不断减小，仿真
结果和经验公式均能较好地展示这种趋势。特别是在 $\sigma_{\mathrm{g}}Fr$ 小于 0.5 时，仿真结
果比经验公式更接近试验值，而在 $\sigma_{\mathrm{g}}Fr$ 大于 0.5 时，仿真结果和经验公式均小
于试验值，而经验公式比仿真结果要更接近试验值。

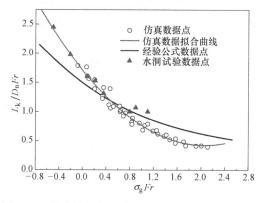

图 5-10　仿真结果与经验公式和试验数据对比关系

5.3　基于独立膨胀原理定常通气空泡数值研究

5.3.1　基本方程

　　为了便于分析和推导潜射水下运动过程空泡的扩展过程，假设航行体头部为一倒梯形圆盘空化器，根据航行体运动过程，可建立如图 5-11 所示的空泡发展示意图。航行体沿轴线坐标 y 运动，平面 $\Sigma(h)$ 垂直于轴线 y。从图中可观察到空泡界面从 t_0 时刻开始以速度 V_∞ 运动至 t_4 时空泡发展过程。

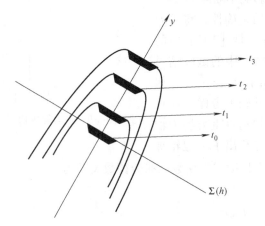

图 5-11　空泡发展示意方案

　　假设 Σ 平面内超空泡截面半径为 $R = R(h,t)$，截面积为 $S(h,t) = \pi R^2$，空泡内压力为 $P_k = P_k(h,t)$，Σ 平面无穷远点环境静压为 $P_\infty(h,t)$。当空化器沿着轴线 y 运动微小距离 Δh 时，它对流体所做的功为 $W\Delta h$（其中：W 为 t_0 时流体作用在空化器上的阻力）。根据能量守恒，空化器运动所产生的能量一部分转变为流体的动能 $T\Delta h$，另一部分转变为流体的势能 $E\Delta h$，因此对于任一个空泡截面均满足下面的方程：

$$T(h,t) + E(h,t) = W(h,0) \tag{5-7}$$

　　在不考虑空化流过流体内能变化的情况下，式（5-7）适用于任何空泡的生成过程。因此，对于不同航行体头部外形航行体所产生空泡的过程，只是作用在流体上的力 W 不同。

　　下面来求解空泡的动能和势能，如果用 R 代替 $R(h,t)$，根据 Green 第一公式[62]，首先可得任何单位长度空泡所具有的动能为：

$$T = -\frac{1}{2}\rho\varphi 2\pi R \frac{\partial\varphi}{\partial n} \tag{5-8}$$

式中，φ 为空泡界面的绝对速度势，R 和 $\dot{R} \approx \partial \mu / \partial n$ 分别为该截面空泡半径和径向速度，ρ 为流体的密度。对于任何空泡截面的势能可表示为：

$$E = \int_0^t \Delta P(h,t) 2\pi R \dot{R}\, dt \tag{5-9}$$

式中，$\Delta P(h,t) = P_\infty(h,t) - P_k(h,t)$，将式（5-8）和式（5-9）代入式（5-7）可得能量守恒方程为 [以后 $S(h,t)$ 简写为 S]：

$$-\frac{1}{2}\rho \varphi 2\dot{S} + \int_0^t \Delta P(h,t)\dot{S}\, dt = W(h,0) \tag{5-10}$$

式中，$\dot{S} = 2\pi R \dot{R}$，为空泡截面面积对时间的导数。

根据广义伯努利方程，在空泡边界面上有 [以后 $\Delta P(h,t)$ 简写为 Δp]：

$$\frac{\partial \varphi}{\partial t} + \frac{v^2}{2} = \frac{\Delta p}{\rho} \tag{5-11}$$

其中，v 为空泡边界面上流体粒子的绝对速度。在空泡最大截面处 $v \approx \dot{R}$ 为一小量，与 $\Delta p / \rho$ 相比较，忽略 v^2，则式（5-11）可写为：

$$\frac{\partial \varphi}{\partial t} = \frac{\Delta p}{\rho} \tag{5-12}$$

对式（5-12）求积分可得空泡截面边界的势能：

$$\varphi = \varphi_n + \int_0^t \frac{\Delta p}{\rho}\, dt \tag{5-13}$$

式中，φ_n 为 $t = 0$ 时空泡边界的势能值。对式（5-10）中时间 t 求导，并将式（5-12）代入可得：

$$\varphi \ddot{S} = \frac{\Delta p}{\rho}\dot{S} \tag{5-14}$$

将式（5-13）代入式（5-14）整理后可得：

$$\left[\rho \mu_n + \int_0^t \Delta p\, dt \right] \ddot{S} = \Delta p \dot{S} \tag{5-15}$$

因为 $d\int_0^t \Delta p\, dt = \Delta p\, dt$，所以式（5-15）可表示为：

$$\dot{S} = A\left[\rho \varphi_n + \int_0^t \Delta p\, dt \right] \tag{5-16}$$

其中，A 为与空泡扩展初速度有关的一个常量：$A = \dot{S}_0 / \rho \mu_n$；$\dot{S}_0$ 为空泡扩展的初速度，因此式（5-16）可进一步表示为：

$$\dot{S} = \dot{S}_0 \left[1 + \frac{1}{\varphi_n} \int_0^t \frac{\Delta p}{\rho} \mathrm{d}t \right] \tag{5-17}$$

速度势的初始值为 $\mu_n = -\frac{1}{2} a R_n V(0)$，$a$ 为常量，R_n 为空化器的半径，$V(0)$ 为空化器在 $t=0$ 时的速度。由于空泡中间截面的速度势为零，所以式（5-13）可表示为：

$$\varphi_n = -\int_0^{t_k} \frac{\Delta p}{\rho} \mathrm{d}t = -\frac{\Delta p}{\rho} t_k = -\frac{1}{2} a R_n V(0) \tag{5-18}$$

其中，t_k 为空泡从生成至扩展到最大经历的时间。在稳态空泡的情况下，由式（5-18）可获得常数 a 的表达式如下：

$$a = \frac{\sigma L_k}{2 R_n} \tag{5-19}$$

式中，$\sigma = \frac{2 \Delta p}{\rho V^2}$ 为当地空化数，V 为空化器运动速度，$L_k = 2 V t_k$ 为空泡的长度。在式（5-10）中令 $t=0$ 确定扩展初速度 $\dot{S}_0$。因为 $W = C_x \pi R_n^2 \frac{\rho V^2(0)}{2}$，其中 C_x 为空化器阻力系数，则可得如下两个常量的表达式：

$$\dot{S}_0 = \frac{2 \pi C_x R_n V(0)}{a}, k = -\frac{\dot{S}_0}{\varphi_n} = \frac{4 \pi C_x}{a^2} \tag{5-20}$$

根据式（5-20）和式（5-17），可以得出：

$$\ddot{S} = -\frac{k \Delta p}{\rho} \tag{5-21}$$

式（5-20）和式（5-21）大量被用于非稳态空泡流的研究，其中 a 为与空化数有关的常量，在进行非稳态空泡计算时，通常取值范围为 $a=1.5 \sim 2$。对式（5-21）求积分，并将式（5-17）和式（5-20）代入可得：

$$\dot{S} = \dot{S}_0 - k \int_0^t \frac{\Delta p}{\rho} \mathrm{d}t \tag{5-22}$$

对式（5-22）求积分则可得空泡截面对时间的关系式：

$$S = S_0 + \dot{S}_0 t - k \int_0^t \int_0^t \frac{\Delta p}{\rho} \mathrm{d}t \, \mathrm{d}t \tag{5-23}$$

式中，S_0 为空泡横截面初始面积。

5.3.2　质量守恒方程与通气、泄气方式讨论

潜射航行体表面的通气空泡不仅要满足能量守恒，同时也要满足质量守恒，

即空泡内气体质量增加量应该等于通入气体质量减去空泡尾部泄气质量。

$$\frac{dm(t)}{dt} = m_{\text{in}}(t) - m_{\text{out}}(t) \tag{5-24}$$

其中，$m(t)$ 为空泡气体质量变化率，$m_{\text{in}}(t)$、$m_{\text{out}}(t)$ 则为通气和泄气质量流率。如果我们假设空泡非稳态变化过程比较缓慢，即空泡的非稳态变化频率 $f \ll c/\bar{l}$，则可认为空泡内的压力基本相等，其中 c 为空泡内气相在空气中传播的声速，$\bar{l}$ 为空泡的平均长度。当气体按等温过程变化时，式（5-24）可表示为：

$$\frac{d[CP_{\text{c}}(t)Q(t)]}{dt} = CP_{\infty}[\dot{q}_{\text{in}}(t) - \dot{q}_{\text{out}}(t)] \tag{5-25}$$

其中，$m(t) = CP_{\text{c}}(t)Q(t)$，$C$ 为与气体摩尔质量和绝热指数有关的常数，$\dot{q}_{\text{in}}(t)$ 和 $\dot{q}_{\text{out}}(t)$ 分别为 P_{∞} 状态下的体积通气量和泄气率。考虑到：

$$\frac{P_{\text{c}}}{\frac{1}{2}\rho V^2} = \frac{P_{\infty}}{\frac{1}{2}\rho V^2} - \frac{P_{\infty} - P_{\text{c}}}{\frac{1}{2}\rho V^2} = \sigma_{\text{v}} - \sigma(t), \frac{P_{\infty}}{\frac{1}{2}\rho V^2} \approx \frac{P_{\infty} - P_{\text{v}}}{\frac{1}{2}\rho V^2} = \sigma_{\text{v}} \tag{5-26}$$

将式（5-26）代入式（5-25），并在两端同除以 σ_0，则可得气体质量平衡方程：

$$\frac{d[\beta - \bar{\sigma}(t)]Q(t)}{dt} = \beta[\dot{q}_{\text{in}}(t) - \dot{q}_{\text{out}}(t)] \tag{5-27}$$

在水平运动航行体表面形成稳定通气空泡时，供气量 $\dot{q}_{\text{in}}$ 必须等于 $\dot{q}_{\text{out}}$；而对于不稳定的通气空泡，空泡泄气是一个与 P_{c} 和泄气方式有关的未知函数。据公开的文献，由于空泡尾部泄气规律的复杂性，目前也只有某些漏气形式可以得出近似的估计[63]。文献 [198] 提出了重力影响比较小的情况下稳定空泡经验通气规律：

$$\dot{q}_{\text{in}} = \gamma V_{\infty} S_{\text{C}}(0)(\beta - 1) \quad \gamma = 0.01 \sim 0.02 \tag{5-28}$$

式中，$S_{\text{C}} = \pi D_{\text{c}}^2/4$ 为空泡中间截面的面积。针对上式通气方式，文献 [199] 提出了相应的拟稳定泄气规律[200]：

$$\dot{q}_{\text{out}} = \gamma S_{\text{C}}(t)\left(\frac{\beta}{\sigma(t)} - 1\right) \tag{5-29}$$

式中，$\beta = \sigma_{\text{v}}/\sigma_0$，$\bar{\sigma}(t) = \sigma(t)/\sigma_0$，$\sigma_{\text{v}}$ 为自然空化数。

尽管关于水平方式的通气空化泄气规律已经有些经验估计方程，在重力影响比较小的情况下水平运动通气规律也可以适用于垂直运动航行体通气空气的研究，但是针对垂直运动，小弗劳德数情况下的泄气方式还未见相关文献报道。

5.3.3　方程离散方法

首先采用初始空泡长度 l_0 和航行体运动速度 V_{∞} 对式（5-21）进行无量

纲化:

$$\frac{\partial^2 \overline{S}(\overline{h},\overline{t})}{\partial \overline{t}^2} = -\frac{k\sigma(\overline{t})}{2} \tag{5-30}$$

其中, $\overline{S}=S/l_0^2$, $\overline{h}=h/l_0$, $\overline{t}=tV_\infty/l_0$。

对式 (5-30) 进行两次积分后可得:

$$\overline{S}(\overline{\tau},\overline{t})=\overline{S}_0+\dot{\overline{S}}_0(\overline{\tau}-\overline{t})-\frac{1}{2}\int_{\overline{\tau}}^{\overline{t}}(\overline{t}-v)\sigma(v)\mathrm{d}v \tag{5-31}$$

其中, $\dot{\overline{S}}_0=\dot{S}_0/(l_0 V_\infty)$。从式 (5-31) 可知空泡截面面积是与 $\overline{t}$ 至 $\overline{\tau}$ 时间范围内的积分值, $\overline{\tau}$ 为积分的起始值, $\overline{t}$ 取值范围为空泡的生成至闭合或溃灭时刻。

如果当空泡闭合时尾部截面积与空化器直径相等, 即采用 Riabouchinsky 空泡尾部闭合模型, 则可得如下初值条件:

$$\overline{S}_0=\overline{S}_l=\frac{\pi}{4}\left(\frac{D_n}{l_0}\right), \quad \dot{\overline{S}}_0=\frac{k\sigma_0}{4} \tag{5-32}$$

其中, $\overline{S}_l$ 为空泡尾部闭合时的界面面积。将方程 (5-27) 无量纲化可得:

$$\frac{\mathrm{d}[\beta-\overline{\sigma}(\overline{t})]Q(t)}{\mathrm{d}\overline{t}}=\beta[\dot{q}_{\text{in}}(\overline{t})-\dot{q}_{\text{out}}(\overline{t})] \tag{5-33}$$

其中, $\overline{Q}=Q/l_0^3$, $\overline{\dot{q}}_{\text{in}}=\dot{q}_{\text{in}}/(V_\infty l_0^2)$, $\overline{\dot{q}}_{\text{out}}=\dot{q}_{\text{out}}/(V_\infty l_0^2)$。为了便于书写, 忽略了质量守恒和能量守恒方程中角标 "—", 对它们进行离散化处理可得:

$$S(\tau,t)=S_0+\dot{S}_0(t_n-t_m)-\frac{k}{2}\sum_{i=m}^{n}(t_n-t_i)\sigma(t_i)\Delta t \tag{5-34}$$

$$\frac{[\beta-\overline{\sigma}(t_i)]Q(t_i)-[\beta-\overline{\sigma}(t_{i-1})]Q(t_{i-1})}{t_i-t_{i-1}}=\beta[\dot{q}_{\text{in}}(t_i)-\dot{q}_{\text{out}}(t_i)] \tag{5-35}$$

式 (5-34)、式 (5-35) 则为基于独立膨胀原理的空泡流基本方程的离散形式。如果没有后体则:

$$Q(t)=\int_{x(t)-l(t)}^{x(t)}S(\tau,t)\mathrm{d}x \tag{5-36}$$

如果存在后体模型, 并假设空泡内后体体积为 $Q_m(t)$, 则考虑后体的空泡体积为 $Q(t)=Q_c(t)-Q_m(t)$, 其中 $Q_c(t)$ 为没有考虑后体时空泡的体积。设空泡起始于 τ_p, 闭合于 τ_q 时刻, 则空泡体积可离散为:

$$Q(t)=\sum_{j=p}^{q}S(\tau_j,t)V(\tau_j)\Delta t \tag{5-37}$$

5.3.4　重力环境下空泡界面膨胀方程的建立

当航行体在重力场中运动时, 假设航行体与水平方向夹角 θ 作向上和向下运动时, 空泡轮廓示意图如图 5-12 所示。

在重力环境中，随着航行体的运动，空泡内压力和环境压力均在不断地变化，因此空泡内外压差 $\Delta p(h, t)$ 也在不断变化：

$$\Delta p(h,t)=p_{\infty}+\rho g(HH\mp V_{\infty}t\sin\theta\pm h_j)-P_c(t) \tag{5-38}$$

从式（5-38）可以看出空泡内外压差不仅是时间的函数，而且还是空泡截面位置的函数。方程（5-38）两端同时除以 $\frac{1}{2}\rho V_{\infty}^2$ 可得：

$$\sigma_{kk}(t)=\frac{P_{\infty}-P_c(0)+\rho g HH}{\frac{1}{2}\rho V_{\infty}^2}-\frac{\Delta P_c(t)}{\frac{1}{2}\rho V_{\infty}^2}\mp\frac{\rho g V_{\infty}t\sin\theta}{\frac{1}{2}\rho V_{\infty}^2}$$

$$=\sigma(0)-\sigma_x(t)\mp\frac{2V_{\infty}t\sin\theta}{Fr^2} \tag{5-39}$$

其中，$P_c(t)=P_c(0)+\Delta P_c(t)$，$\Delta P_c(t)$ 为航行体运动过程中空泡内部压力的变化值，$\sigma_x(t)$ 为空泡内压力变化时引起空化数的变化值。空泡截面 h_j 处的空化数是它与空化器之间距离的函数：

$$\sigma_j=\frac{\Delta P(h,t)}{\frac{1}{2}\rho V_{\infty}^2}=\sigma_k(t)\pm\frac{\rho g h_j\sin(\theta)}{\frac{1}{2}\rho V_{\infty}^2}$$

$$=\sigma_k(t)\pm\frac{2}{Fr^2}\frac{h_j\sin(\theta)}{Dn} \tag{5-40}$$

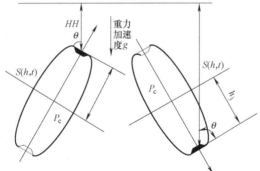

图 5-12　重力场中空泡流示意图

因此，考虑水下发射倾角影响的航行体表面非稳态空泡在 kk 时刻的扩张能量守恒方程为：

$$S_{kk}(\tau,t)=S_0+\dot{S}_0(t_n-t_m)-\frac{k}{2}\sum_{i=m}^{n}(t_n-t_i)\left[\sigma_{kk}t_{kk}+\frac{2}{Fr^2}\frac{V_{\infty}t_i\sin(\theta)}{Dn}\right]\Delta t \tag{5-41}$$

潜射航行体出筒时，发射筒内的均压气体将跟随航行体运动并在航行体表面形成通气空泡。在航行体穿破筒口薄膜时，相当于发射筒内的均压气体瞬时通入航行体的肩部，因此出筒过程相当于瞬时通气的通气空泡。此时通气率可表示为：

$$\begin{cases} q_{in} = \dfrac{Q_{mt}}{dt} & 0 < t < dt \\ q_{in} = 0 & t > dt \end{cases} \tag{5-42}$$

其中，dt 为与发射筒有关的一个时间量，Q_{mt} 为发射筒内均压气体的质量；如果发射上升过程向空泡内通入气体，则上升过程通气量 q_{in2} 为：

$$\begin{cases} q_{in2} = q_m(t) & t_1 < t \leqslant t_2 \\ q_{in2} = 0 & t \leqslant t_1, \ t > t_2 \end{cases} \tag{5-43}$$

其中，q_m 为上升过程通气率，t_1 为通气起始时间，t_2 为通气终止时间。

当潜射航行体进行浅水发射时，从发射到出水过程时间比较短，空泡还没有来得及完全发展，航行体已经出水。因此在研究潜射航行体通气空泡和出筒空泡生成过程考虑空泡尾部可能存在的断裂和脱落，而忽略尾部泄气的影响，即认为 $q_{out} = 0$。

5.3.5　数值求解过程

针对潜射航行体垂直发射过程的特点，基于独立膨胀原理，提出一种新的边界处理方法，对重力场下的能量方程和质量守恒方程进行数值求解，开发了一种快捷的潜射航行体垂直发射过程空泡形态计算程序。

假设出筒过程和上升过程非稳态通气空泡尾部泄气量比较小，考虑大通气量时可能存在的空泡断裂现象，而忽略空泡尾部泄气，并将等质量的均压气体，在适当短的时间内通入航行体肩部的方式，等效模拟出筒过程均压气体对出筒空泡的影响。

设空泡沿轴线均匀分布有 N 个截面，则考虑重力影响后空泡截面膨胀方程 (5-34) 和 (5-35) 离散为 $N+1$ 个未知数和 $N+1$ 个方程组。边界条件：空泡起始和空泡闭合时为空化器截面积。由于均压气体瞬时经历了压缩后膨胀，然后流向航行体肩部，因此出筒过程离散点数 N 必须足够大，才能捕捉到出筒过程的均压气体的瞬时流动效果；整个方程组的迭代求解计算量比较大，不适合空泡形态和空化数的耦合求解。本节采用外层时间推进、内层空泡截面空间推进，最后空泡质量平衡方程进行空化数的矫正的方法进行求解（图 5-13）。计算流程如下：

（1）初值条件的设定：$\sigma^{(l)} = \sigma_0$、$l^{(l)} = l_0$ 等，并确定方程组中的经验常数；如果计算过程从出筒开始计算，则 $l_0 = 0$。

（2）时间推进：$t^{(n)} = t^{(n+1)} + \Delta t$；根据航行体运动速度 $V^{(n)}$，确定时间推进步长 Δt，并以 Δt 为时间步长向下一个时间步推进。

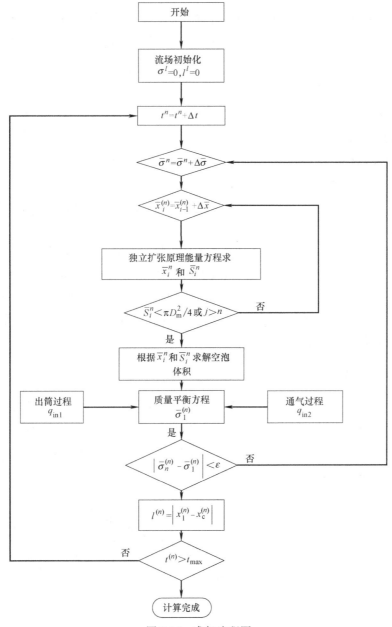

图 5-13　求解流程图

（3）空间推进分为空化器空间推进和空泡轮廓轴向推进，首先根据时间推进步长 Δt 和航行体运动速度 $V^{(n)}$（$n=1，2...$）确定空间时间步长 Δx，因此航行体空间推进：$x_{\mathrm{c}}^{(n)}=x_{\mathrm{c}}^{(1)}+V^{(n)}\Delta t$，其中 $x_{\mathrm{c}}^{(1)}$ 为空化器初始时刻位置；然后根据

空泡截面膨胀方程确定空泡截面空间坐标 $x_i^{(n)}$ ，并求得对应截面处空泡尺度 $S_i^{(n)}$ ，如果空泡闭合在航行体壁面或者空泡长度等于航行体推进位移（空泡闭合在发射筒截面上），即如果 $S_i^{(n)} \leqslant S_0$ 或 $i = n$ ，停止迭代；如果空泡闭合在航行体上，空泡闭合区域进行线性插值，空泡长度为空泡初始坐标 $x_c^{(n)}$ 和闭合位置坐标 $x_l^{(n)}$ 的差值，即 $l^{(n)} = |x_l^{(n)} + x_c^{(n)}|$ 。

（4）空化数非线性迭代，首先令 $\overline{\sigma}^{(n)} = \overline{\sigma}^{(n-1)}$ ，然后计算空间推进后的空泡体积 $Q^{(n)}$ ，根据通气参数确定 $q_{in1}^{(n)}$ 和 $q_{in2}^{(n)}$ ，并将 $Q^{(n)}$ 、 $q_{in1}^{(n)}$ 和 $q_{in2}^{(n)}$ 代入质量平衡方程求解空化数 $\overline{\sigma}_1^{(n)}$ ，然后进行空化数修正 $\overline{\sigma}^{(n)} = \overline{\sigma}^{(n)} + \alpha \ (\overline{\sigma}_1^{(n)} - \overline{\sigma}^{(n)})$ ，其中 α 为松弛因子；迭代至 $|\overline{\sigma}_1^{(n)} - \overline{\sigma}^{(n)}| \leqslant \varepsilon$ ，则进入下一时间步。

由于出筒过程发射筒内均压气体瞬间膨胀，在航行体肩部通入大量气体，可能会发射空泡发生断裂情况。当空泡尾部气体发生脱落时，空泡内气体已经不再满足质量守恒方程，此时空泡长度和空泡体积将发生突变，并且它们对时间的一阶导数也在发生突变[139]。本文采用减小离散时间步长、增加迭代时空泡截面数的方法，尽量准确地捕捉空泡断裂位置。同时假设空泡断裂前后压力连续变化，以空泡断裂后闭合位置为闭合点，重新计算空泡体积，并使空泡内气体满足新的质量平衡方程。

5.3.6　数值计算方法对比与验证

基于独立膨胀原理对第 3.4 节的算例进行数值计算，并与试验数据进行对比。由于保密原因没有给出流场参数，出筒过程空泡长度随离开筒口高度的变化情况如图 5-14 所示。从图 5-14 中可知，数值结果与试验结果吻合较好，这也证明了本节所采用数值方法的有效性。

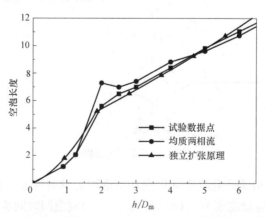

图 5-14　两种不同数值模拟方法出筒过程空泡长度与试验结果对比

图 5-15 为潜射航行体垂直向上运动和向下运动过程数值计算结果和经验公式结果之间的对比关系，从图中可以看出，两者结果比较接近，因此也进一步论证了本节所采用数值方法的有效性。

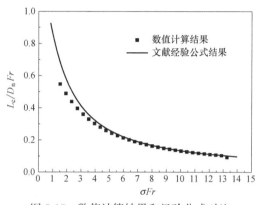

图 5-15　数值计算结果和经验公式对比

5.4　潜射航行体发射过程非定常通气空泡形态研究

5.4.1　出筒过程均压气体影响

本节对潜射航行体垂直发射向上运动过程空泡生成与发展情况进行数值分析，针对模型参数为 D_m、长度为 $L_m=7D_m$ 的航行体模型，进行数值模拟。在运动独立膨胀原理进行空泡形态计算的时候，空泡的生成和空泡生成器的阻力系数有关，阻力系数取为 $C_x=0.58$。

首先对出筒过程均压气体的影响进行数值分析，假设发射筒内均压气体质量分别为 50g、100g、150g，发射速度为 30m/s，发射深度为 $20D_m$；发射过程空泡长度和直径随发射深度变化情况如图 5-16 所示。由于没有考虑出筒时候气体的压缩效应，空泡的长度在出筒后有一次小幅度的衰减，随后随着空化数的减小逐渐增大。空泡直径开始时有一个瞬时的膨胀，随后在出筒时有一个衰减，然后又随着空化数的减小而空泡直径不断增大。同时从图 5-16 中可以发现，发射筒内的均压气体对空泡的影响在 h/D_m 较小时影响比较大，当航行体全部出筒时，均压气体质量大小已经对空泡形态的影响比较小，三组计算条件下的出筒时刻空泡尺寸基本相等。

为了分析出筒时在相同的均压气体含量下，不同通气率对出筒空泡的影响。设定发射筒内均压气体质量为 100g，航行体发射从 $20D_m$ 深度以 30m/s 发射出筒，并匀速向水面运动；假设出筒时等效通气率分别为 $q_{in}=10\text{kg/s}$、$q_{in}=$

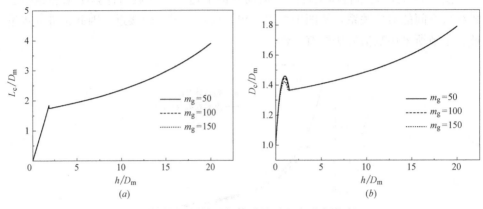

图 5-16 不同均压气体质量对空泡形态影响

（*a*）空泡长度变化过程；（*b*）空泡直径变化过程

$15\mathrm{kg/s}$、$q_{\mathrm{in}}=30\mathrm{kg/s}$，计算结果如图 5-17 所示。

从图 5-17 中可以看出：（1）在相同量的均压气体发射情况下，出筒时瞬时通气率越大，空泡最大直径也将越大；（2）空泡长度与通气率关系不大，而与发射筒内均压气体量关系比较大；（3）瞬时通气率的大小对航行体离开筒口及出水时空泡形态影响不大。

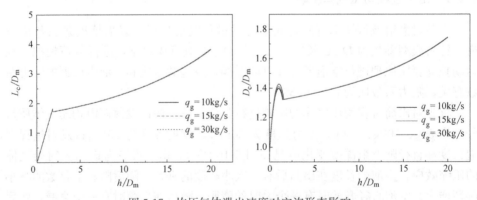

图 5-17 均压气体泄出速度对空泡形态影响

在进行潜射航行体上升过程通气空泡形态研究时，我们主要关心航行体出水前空泡形态大小，而航行体头部离开筒口有限高度内，发射筒内均压气体对出筒空泡形态的具有影响，但是当航行体运动至尾部离开筒口时，多余的均压气体已经从空泡尾部脱落，而对空泡形态的影响不大。因此，针对航行体出水前空泡形态研究，可简化出筒过程气相运动的细节，而将发射筒内均压气体泄出等效为等量气体通入空泡。

5.4.2　通气速度对空泡形态的影响

在潜射航行体进行发射出水时空泡形态大小控制方面，通气率的大小扮演着非常重要的作用。当潜射航行体进行高速发射时，如果通气量较小，航行体表面同时将生成自然空化，将形成汽、气和液三相混合空泡；如果通气量过大，空泡内气体弹性增大，空泡容易失去稳定性而断裂。通常用相似参数 β 来描述空泡内气体弹性，$\beta=1$ 相当于自然空泡，β 越大说明通气空泡的弹性越大[201]。在实际发射过程 $\beta=1$，表明通气量过小，通气没有起到增加空泡长度的效果；反之，如果 $\beta>2.645$，表明通气量过大，空泡容易失去稳定性而断裂，应减小通气量。

当潜射航行体在 $20D_m$、$25D_m$ 水深，分别以 30m/s、35m/s 速度匀速发射，发射筒内均压气体质量均为 50g，不同通气量下航行体出水前表面空泡长度、直径和空化数对应关系见表 5-2。从表 5-2 中可以看出：（1）当通气量小于最低通气量阀值时，通气对空泡形态和空化数的影响不大，此时形成的空泡等价于自然空化；（2）当通气量大于最低通气阀值时，通气量越大，空泡长度和空泡直径越大；（3）出水前空化数不仅仅与模型的运动速度有关，同时还与通气量及通入气体时间长短有关；（4）出水前空化数越小，空泡的尺度越大，并且空泡形态与模型的速度有关，速度越高空泡越瘦长；（5）航行体速度越高，最低通气阀值也将越大。

出水时空泡形态及空化数与通气量关系（通气位置 $h/D_m=4$）　　　表 5-2

发射条件	深度 $20D_m$，速度 30m/s，均压气体 50g						深度 $25D_m$，速度 35m/s，均压气体 50g					
通气率(kg/s)	0	7.5	10	12.5	15	20	0	7.5	10	12.5	15	20
出水前空泡长度 L_c/D_m	3.84	3.94	4.20	4.46	4.72	5.21	4.79	4.79	4.80	4.83	5.00	5.43
出水前空泡直径 D_c/D_m	1.80	1.82	1.87	1.93	1.98	2.09	1.96	1.96	1.96	1.97	2.00	2.09
出水前空化数	0.21	0.20	0.18	0.16	0.14	0.11	0.16	0.16	0.16	0.16	0.15	0.12

两种发射情况下出水前的空泡轮廓如图 5-18 所示，从图 5-18 中可以更清晰地看出，在通气量同为 20kg/s 时，以 $V=35$m/s 发射时将获得更长的空泡。同时，又由于速度越高，弗劳德数越大，重力影响越弱，空泡因此越瘦长。

图 5-19 给出了两种发射条件下，不同通气量下航行体表面空泡长度和直径随离开发射筒口距离的变化规律。数值模拟结果表明：航行体表面空泡随着航行体向水面运动，形态尺度越来越大；另外当通气量小于最小通气量阀值时，航行体上升过程表面空泡形态受通气量的影响不大。

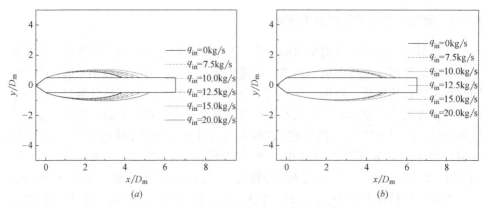

图 5-18　两种发射深度下出水前空泡形态

（a）$h=20D_m$，$V=30\text{m/s}$，$m_g=50\text{g}$；（b）$h=25D_m$，$V=35\text{m/s}$，$m_g=50\text{g}$

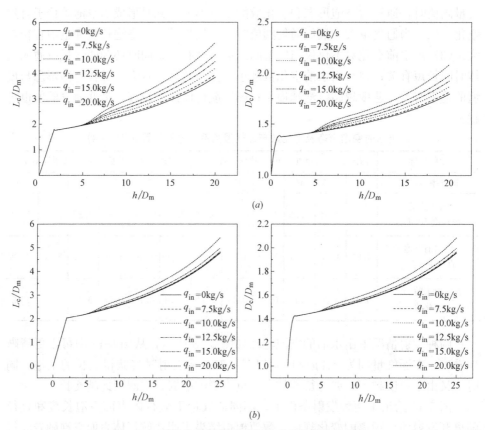

图 5-19　两种发射深度下通气量对空泡形态的影响

（a）$h_0=20D_m$，$V_0=30\text{m/s}$，$m_{g0}=50\text{g}$；

（b）$h_0=25D_m$，$V_0=30\text{m/s}$，$m_{g0}=50\text{g}$

　　图 5-20 和图 5-21 为航行体上升运动时空化数随气体弹性系数 β 的变化过程。从图中可以看出：（1）当通气量低于最低通气量阀值时，航行体上升过程空化数基本保持不变，并与自然空化数相等；（2）在通气量大于最小通气量阀值时，随着通气时间的增加，空泡内气体常数 β 越来越大，并且在出水前增加至最大。

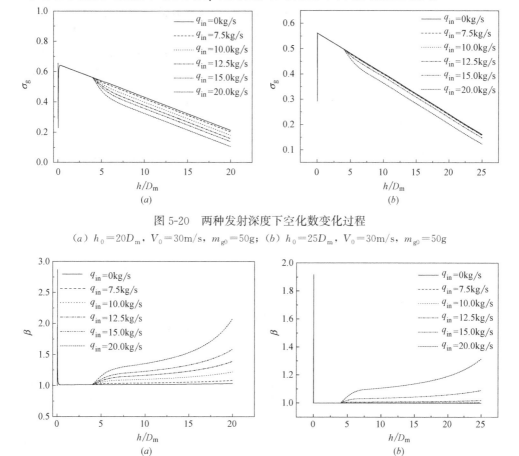

图 5-20　两种发射深度下空化数变化过程

（a）$h_0 = 20D_m$，$V_0 = 30\text{m/s}$，$m_{g0} = 50\text{g}$；（b）$h_0 = 25D_m$，$V_0 = 30\text{m/s}$，$m_{g0} = 50\text{g}$

图 5-21　两种发射深度 β 变化过程

（a）$h_0 = 20D_m$，$V_0 = 30\text{m/s}$，$m_{g0} = 50\text{g}$；（b）$h_0 = 25D_m$，$V_0 = 30\text{m/s}$，$m_{g0} = 50\text{g}$

5.4.3　通气点位置对空泡形态的影响

　　如果考虑到通气可能会对航行体的结构和水下运动弹道的影响，通常应尽量减少通气时间，采用调整发射时通气点位置和通气量大小的方式来控制出水时空泡形态。在通气前航行体表面将可能产生自然空化，此时空泡内不再是单纯的气相，而包含汽相。空泡内气相和汽相的总质量平衡需要满足新的质量守恒方程。是否要对空泡内汽相质量进行修正，本节通过在迭代过程所需最小通气量来判断。当通气量低于通气量下限阀值时，空泡内气体质量为空泡内自然空化产生气体质量加上通入气体质量；当通气量大于通气下限阀值时，空泡内将不再产生自然空化，此时，空泡内气体质量增量为相应时间通入气体量。

本节对发射筒内均压气体质量为 $50g$，发射深度为 $20D_m$，发射速度为 $30m/s$，通气量恒定为 $10kg/s$，通气位置为航行体离开筒口距离 $h/D_m=3$、$h/D_m=4$、$h/D_m=5$、$h/D_m=6$ 四种情况进行了计算。图 5-22 给出了四种初始通气位置时空泡形态的变化规律，从图 5-22 中可以看出通气点位置越大，即航行体离水面距离越近，通气时间越短，则空泡尺寸越小。

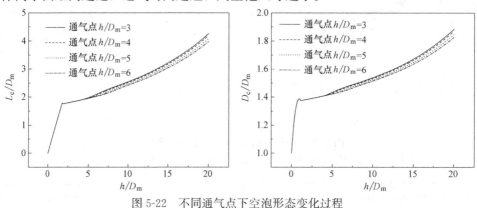

图 5-22　不同通气点下空泡形态变化过程

图 5-23 为四种情况下空化数和 β 的变化情况，从图 5-23 中可以看出：通气点位置越靠前，空化数也将越小，而空泡内气体弹性系数 β 则越大。

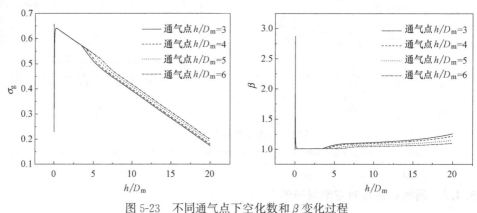

图 5-23　不同通气点下空化数和 β 变化过程

5.4.4　倾角对空泡形态的影响

潜射航行体在进行水下发射时，在航行体的运动过程中可能会发生偏航和倾斜运动等现象。特别是当航行体进行大攻角发射时，航行体运动轨迹将与水面呈一定攻角运动。因此研究航行体在倾斜角对通气空泡的影响就显得十分重要。

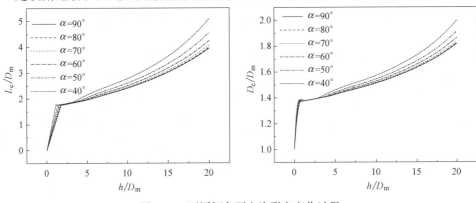

图 5-24　不同倾角下空泡形态变化过程

假设航行体在 $20D_{\mathrm{m}}$ 水深，以与水平面夹角为 $\alpha=90°$、$\alpha=80°$、$\alpha=70°$、$\alpha=60°$、$\alpha=50°$ 和 $\alpha=40°$，发射速度匀速为 $V=30\mathrm{m/s}$，发射筒内均压气体质量 $50\mathrm{g}$ 的发射工况进行发射。图 5-24 为不同倾斜下航行体表面通气空泡形态随发射深度的变化规律，从图 5-24 中可以看出发射倾角越小，航行体水下运动时间越长，在通气点位置也相同的情况下，航行体水下运动时间也将越长，因此航行体表面通气空泡尺度也将越大。这也说明，在其他发射条件一致的情况下，倾角越大，想要获取同样的空泡长度则需要的通气量也将越大。

图 5-25 为不同发射倾角情况下空化数和 β 的变化情况，从图中可以看出：倾角越小，航行体通气时间越长，在出水前空化数也将越小，而空泡内气体弹性系数 β 则越大。

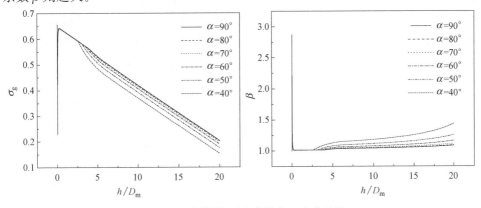

图 5-25　不同倾角下空化数和 β 变化过程

5.4.5　加速度对通气空泡形态的影响

当计算模型运动速度发生变化时，一方面将导致空间步长 $\Delta x=V\Delta t$ 发生变化，进而导致质量平衡方程中的空泡体积发生变化，另一方面也会引起空泡界面初始扩张速度 $\dot{S}_0$ 和 Fr 发生变化，因此将速度变化规律引入超空泡截面膨胀方程中。

潜射航行体在弹射后以变加速度向水面作减速运动，图 5-26 给出了潜射航行体在不同加速度情况下空泡形态的变化过程，发射初值条件为：发射深度 $20D_m$，速度 $V=30\mathrm{m/s}$，离通气点位置为 $h/D_m=4$，通气量恒定为 $10\mathrm{kg/s}$；数值研究结果表明：在相同的发射初始条件下，减速度越大则航行体在出水前形成的空泡尺度越小；航行体在作减速运动时，通气初始时刻空泡长度和直径产生明显的振荡，并且减速度越小，振荡也越激烈。

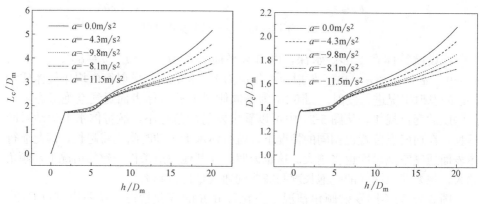

图 5-26　不同加速度下空泡形态变化过程

图 5-27 为不同加速度情况下空化数和 β 的变化情况，从图 5-27 中可以看出：（1）当航行体作减速运动时，减速度越大 β 也越大；（2）不同减速度情况下，航行体表面空化数先迅速降低，随后空化数的减小速度趋于缓和；（3）减速度越大，初始通气时空泡数减小越激烈，随后空化数减小也越平坦。

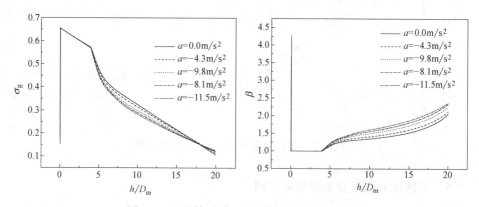

图 5-27　不同加速度下空化数和 β 变化过程

5.5　本 章 小 结

本节对重力静压梯度场中的定常和非定常通气空泡流进行了数值研究。采用均质两相流法对重力静压梯度场中的稳态空泡流进行了研究，并得到如下结论：

（1）将来流边界温度定义为时间的函数，研究了重力静压梯度场中海洋垂向温度场对空泡形态的影响规律。研究结果表明，垂向温度场对水下垂直运动航行体表面空泡的形态影响很小，数值模拟重力静压梯度场中小空化数通气空泡流可以将海洋流场近似地作为等温场处理。

（2）通过对重力静压梯度场中等温通气空泡流进行数值研究，得到了空泡长度和最大直径随弗劳德数和空化数的变化规律。在空化数相同的情况下，轴向重力静压梯度场抑制了空泡的发展，空泡长度和空泡直径均随着弗劳德数增大而增大；在相同的弗劳德数情况下，空泡长度与空泡直径均随着空化数的减小而增大。并且，随着空化数和弗劳德数改变，空泡在长度方向的变化趋势明显强于直径方向。

同时，本节针对潜射航行体非稳态通气空泡特点，基于 Logvinovich 独立膨胀原理，发展了一种快速的潜射航行体水下运动过程非稳态通气空泡形态的计算方法，并应用该方法对潜射航行体水下运动过程非稳态通气空泡进行数值研究，得出如下结论：

（1）基于 Logvinovich 独立膨胀原理，发展了一种快速的潜射航行体水下运动过程非稳态通气空泡形态的计算方法，通过试验结果和计算结果的对比，证明本节计算方法和结论是有效的。

（2）水下发射过程中，模型加速度、运动倾角、通气点位置和通气量都会对出水前空泡形态产生影响。

参 考 文 献

[1] 董月娟. 美法潜射导弹水下试验分析 [J]. 飞航导弹, 1995, 2: 1～10.

[2] 夏薇. 布拉瓦导弹发展前景 [J]. 导弹与航天运载技术, 2010, 1: 62～62.

[3] 黄寿康. 流体动力·弹道·载荷·环境 [M]. 北京: 中国宇航出版社, 1991: 160 ～200.

[4] 颜开, 王宝寿. 出水空泡流动的一些研究进展 [A]. 第二十一届全国水动力学研讨会暨 第八届全国水动力学学术会议暨两岸船舶与海洋工程水动力学研讨会文集 [C]. 济南, 2008: 9～17.

[5] 杨晓光. 潜射导弹水下发射及出水过程三维数值研究 [D]. 哈尔滨: 哈尔滨工业大学硕 士论文, 2009.

[6] Akihisa K., Hajime Y., Hiroharu K., et al. On the collapsing behavior of cavitation bubble clusters [C]. Fourth International Symposium on Cavitation, California, USA, 2002: 631～637.

[7] Silberman E., Song C. S.. Instability of ventilated cavities [J]. J. Ship Res, 1961, 5: 13～33.

[8] Song C. S. Pulsation of ventilated cavities [J]. J. Ship Res, 1962, 5: 8～20.

[9] Arakeri V. H. Viscous effects on the position of cavitation separation from smooth bodies [J]. J. Fluid Mech, 1975, 68: 779～799.

[10] Franc J. P., Michel J. M.. Attached cavitation and the boundary layer: experimental investigation and numerical treatment [J]. J. Fluid Mech., 1985, 154: 63～90.

[11] Franc J. P., Michel J. M.. Unsteady attached cavitation on an oscillating hydrofoil [J]. J. Fluid Mech., 1988, 193: 171～189.

[12] Kubota A., Kato H., Yamaguchi H., et al.. Unsteady structure measurement of cloud cavitation on a foil section using conditional sampling technique [J]. J. Fluid Eng, 1989, 111: 204～210.

[13] Hart D. P., Brennen C. E., Acosta A. J.. Observations of cavitation on a three-dimensional oscillating hydrofoil [C]. ASME Cavitation and Multiphase Flow Forum, 1990, 98: 49～52.

[14] Le Q., Franc J. P., Michel J. M.. Partial cavities: global behavior and mean pressure distribution [J]. J. Fluids Eng., 1993, 115: 243～247.

[15] Le Q., Franc J. P., Michel J. M.. Partial cavities: pressure pulse distribution around cavity closure [J]. J. Fluids Eng., 1993, 115: 249～254.

[16] Stutz B., Reboud J. L.. Two-phase flow structure of sheet cavitation [J]. J. Phys. Fluids, 1996, 9 (12): 3678～3686.

[17]   Kawanami Y. , Kato H. , Yamaguchi H. , et al. . Mechanism and control of cloud cavitation [J]. J. Fluids Eng. , 1997, 119: 788~794.

[18]   Kawanami Y. , Kato H. , Yamaguchi H. . Three-dimensional characteristics of the cavities formed on a two-dimensional hydrofoil [C]. Third International Symposium on Cavitation, Grenoble, France, 1998, 1: 191~196.

[19]   Kawanami Y. , Kato H. , Yamaguchi H. . Evaporation rate at sheet cavity interface [C]. Third International Symposium on Cavitation, Grenoble, France, 1998: 221~226.

[20]   Wilczynski L. . The experimental investigation of the cavitation inception in the flow around NACA 16-018 hydrofoil [C]. Third International Symposium on Cavitation, Grenoble, France, 1998, 1: 167~172.

[21]   Ferrante A. , Elghobashi S. On the Physical mechanisms of two-way coupling in particle-laden isotropic turbulence [J]. Phys. Fluids, 15: 315~29.

[22]   Ferrante A. Elghobashi S. On the physical mechanismo of drag reduction in a spatially-developing turbulent boundary layer laden with microbubbles [J]. J. Fluid Mech, 503: 345~55.

[23]   Pham T. M. , Larrarte F. , Fruman D. H. . Investigation of unstable cloud cavitation [C]. Third International Symposium on Cavitation, Grenoble, France, 1998, 1: 215~220.

[24]   Kjeldson M. , Arndt R. E. A. . Joint time frequency analysis techniques: a study of transitional dynamics in sheet/cloud cavitation [C]. Fourth International Symposium on Cavitation, California, USA, 2001.

[25]   Sakoda M. , Yakushiji R. , Maeda M. , et al. . Mechanism of cloud cavitation generation on a 2-D hydrofoil [C]. Fourth International Symposium on Cavitation, California, USA, 2001.

[26]   Sato K. , Shimojo S. . Detailed observations on a starting mechanism for shedding of cavitation cloud [C]. Fifth International Symposium on Cavitation, Osaka, Japan, 2003.

[27]   邓华. 非定常空泡特征的实验研究 [D]. 上海: 上海交通大学学士学位论文. 1988.

[28]   罗金玲, 何海波. 潜射导弹的空化特性研究 [J]. 战术导弹技术, 2004, 5 (3): 14~7.

[29]   张军, 洪方文, 徐锋, 等. 物体出水近自由面瞬态流场的试验研究 [J]. 船舶力学, 2002, 6 (4): 45~50.

[30]   张军, 李英浩, 金朋寿. 垂直及斜出水流场的二维及三维 TR-PIV 试验 [J]. 船舶力学, 2005, 9 (2): 9~17.

[31]   刘桦, 何友声. 系列头体的空泡试验研究—出生空泡的发展空泡形态 [J]. 中国造船, 1995, 128 (1): 1~10.

[32]   谢正桐, 何友声, 朱世权. 小攻角带空泡细长体的试验研究 [J]. 水动力学研究与进展, A 辑, 2001, 16 (3): 374~381.

[33]   谢正桐. 零攻角和小攻角下带空泡轴对称细长体的水动力计算和试验研究 [D]. 上海: 上海交通大学博士论文, 1995.

[34]   谢正桐, 何友声. 小攻角下轴对称细长体的充气肩空泡试验研究 [J]. 实验力学,

1999，14（3）：279～287.

[35]　王海斌. 轴对称航行体超空泡特性的数值仿真与试验研究 [D]. 哈尔滨：哈尔滨工业
　　　大学博士论文，2006，94～96.

[36]　王海斌，王聪，魏英杰，等. 轴对称航行体通气超空泡的特性实验研究 [J]. 工程力
　　　学，2007，24（12）：166～171.

[37]　贾力平，王聪，于开平. 空化器参数对通气超空泡形态影响的实验研究 [J]. 工程力
　　　学，2007，24（3）：159～164.

[38]　贾力平. 空化器诱导超空泡特性的数值仿真与试验研究 [D]. 哈尔滨：哈尔滨工业大
　　　学博士论文，2007，75～83.

[39]　顾建农，张志宏，高永琪. 充气头型对超空泡轴对称体阻力特性影响的试验研究 [J].
　　　兵工学报，2004，25（6）：766～769.

[40]　Wang G. r., Li X. B., Zhang M. D. Multiphase dynamics of supercavitating flows
　　　around a hydrofil [C]. Sixth international symposium on cavitation, Wageningen,
　　　Nethelands. 2006, CAV2006～64.

[41]　魏英杰，曹伟，王聪，等. 空泡流数值模拟中空泡模型的研究进展 [J]. 哈尔滨工业大
　　　学学报，2007，39（Sup. 1）：191～197.

[42]　Stuz B. Two-phase flow structure of sheet cavitation [J]. Phys Fluids, 1997, 9：3678～3686.

[43]　Rankine W. J.. On the mathematical theory of streamlines especially those ith four foci
　　　and upwards [J]. Phil. Trans. , 1871, 161：267～304.

[44]　Reichardt H., Munzner H.. Rotationally symmetric source-sink bodies with predomi-
　　　nantly constant pressure distributions [J]. Arm. Res. Est. Trans. , 1950：1～50.

[45]　Lemonnier H., Rowe A.. Another approach in modelling cavitating flows [J]. J. Flu-
　　　id Mech. , 1988, 195：557～580.

[46]　Pellone C., Rowe A. Supercavitating hydrofoils in non-linear theory [C]. In 3th Inter-
　　　national Conference on Numerical Ship Hydrodynamics, Paris, France, 1981.

[47]　Uhlman J. S.. The surface singularity method applied to partially cavitating hydrofoils
　　　[J]. J. Ship Res. , 1987, 36（2）：107～124.

[48]　Uhlman J. S.. The surface singularity or boundary integral method applied to super-
　　　cavitating hydrofoils [J]. J. Ship Res. , 1989, 33（1）：16～20.

[49]　Doctors L. J. Effects of a Finite Froude Number on a Supercavitating Hydrofoil [J]. J.
　　　Ship Res, 1986, 30（1）：1～11.

[50]　Kinnas S. A., Fine N. E.. Non-linear analysis of the flow around partially or super-
　　　cavitating hydrofoils on a potential based panel method [C]. Proc. IABEM-90 Symp.
　　　Int. Assoc. for Boundary Element Methods. Rome. 1991：289～300.

[51]　De Lange D. F., De Bruin G. J., Van W.. On the mechanism of cloud cavitation Ex-
　　　periment and modeling [C]. Second International Symposium on Cavitation, Tokyo,
　　　Japan, 1994：45～49.

[52]　Brewer W. H., Kinnas S. A.. Experiment and viscous flow analysis on a partially cav-

itating hydrofoil [J]. J. Ship Res. , 1997, 41 (3): 161~171.

[53] Kinnas S. A.. The prediction of unsteady sheet cavitation [C]. Third International Symposium on Cavitation, Grenoble, France, 1998: 19~36.

[54] Dang J., Kuiper G.. Re-entrant jet modeling of partial cavity flow on two-dimensional hydrofoils [C]. Third International Symposium on Cavitation, Grenoble, France, April, 1998.

[55] Boulon O. , Chahine G. L. Numerical simulation of unsteady cavitation on 3D hydrofoil [C]. In 3rd International Symposium on Cavitation, Grenoble, France, 1998.

[56] Savchenko Y. N. , Semenenko V. N. Unsteady supercavitated motion of bodies [J]. International journal of fluid mechanics research, 2000, 27 (1): 109~137.

[57] Serebryakov V. Problems of hydrodynamics for high speed motion in water with super-cavitation [C]. Sixth International Symposium on Cavitation, Wageningern, Netherlands. 2006, CAV2006-134.

[58] Логвинович. Г. В. Гидродинамика течений со свободными границами. Киев, Наукова думка, 1969.

[59] Basharova V. N. , Serebryakov V. V. Analysis of a vertical axisymmetric cavitating flow around a body [J]. Fluid Mechanics-Soviet Research, 1979, 8 (5): 33~37.

[60] Semennko V. N. Computer modeling of pulsations of ventilated supercavities [J]. International Journal of Fluid Mechanics Research, 1996, 23 (34): 302~312.

[61] Basharova V. N. , Buivol V. N. , Serebryakov V V. Slender axisymmetric cavities in the flow around bodies in a longitudinal gravity force field [J]. International Applied Mechanics, 1983, 9 (4): 359~366.

[62] Vasin A. D. The principle of independence of the cavity sections expansion (Logvinovich's principle) as the basis for investigation on cavitation flows [R]. VKI Special Course on Super-cavitating Flows, Brussels: RTO-AVT and VKI, 2001. RTO-EN-010 (8).

[63] Semenenko V. N. Artificial supercavitation physics and calculation [R]. VKI Special Course on Supercavitating Flows, Brussels: RTO-AVT and VKI, 2001. RTO-EN-010 (11).

[64] Semenenko V. N. Dynamic processes of supercavitation and computer simulation [R]. VKI Special Course on Supercavitating Flows, Brussels: RTOAVT and VKI, 2001. RTO-EN-010 (12).

[65] 张学伟, 张亮, 于开平, 等. 通气超空泡形态稳定性的数值模拟研究 [J]. 计算力学学报, 2007, 27 (1): 76~81.

[66] 张学伟, 张亮, 于开平, 等. 通气超空泡形态控制方法的数值模拟 [J]. 应用力学学报, 2009, 26 (4): 636~742.

[67] 张学伟, 张亮, 王聪. 基于 Logvinovich 独立膨胀原理的超空泡形态计算方法 [J]. 兵工学报, 2009, 30 (3): 361~365.

[68] Paryshev E. V. Mathematical modeling of unsteady cavity flows [C]. Fifth Interna-

tional Symposium on Cavitation (CAV2003), Osaka, Japan, Cav03-OS-7-014.

[69]　Pellone C. , Franc J. P. , M. Perrin. Modeling of unsteady 2D cavity flows using the logvinovich independence principle [J]. C. R. Mecanique, 2004, 332: 827~833.

[70]　Acosta A. J, The effect of a longitudinal gravity field on the supercavitating flow over a wedge. Trans. ASME. 1961, 28 (2): 188~192.

[71]　Savchenko Y. N. , Semenko Y. A. , Putilin S. I. Some problems of the supercavitating motion management [C]. Sixth International Symposium on Cavitation, Wageningen, Nethelands. 2006, CAV2006-15.

[72]　Nichols B. D. , Hirt C. W. , Hotchkiss R. S. . SOLA-VOF: A solution algorithm for transient fluid flow with multiple free boundaries [R]. Tech. Rep. LA-8355, Los Alamos Nat. Lab. , 1980.

[73]　Torrey M. D. , Cloutman L. D. , Mjolsness R. C. , et al. . NASA-VOF2D: A computer program for incompressible flow with free surfaces [R]. Tech. Rep. LA-101612-MS, Los Alamos Nat. Lab. , 1985.

[74]　Torrey M. D. , Mjolsness R. C. , Stein L. R. . NASA-VOF3D: A three-dimensional computer prografor incompressible flow with free surface [R]. Tech. Rep. LA-11009-MS, Los Alamos Nat. Lab. , 1987.

[75]　Kothe D. B. , Mjolsness R. C. . RIPPLE: a new model for incompressible flows with free surface [J]. AIAA J. 1992, 30: 2694~2700.

[76]　Hirt C. W. , Nichols B. D. . Flow-3D users manual [R]. Tech. Rep. Flow Science Inc. , 1988.

[77]　Lafaurie B. , Nardone C. , Scardovelli R. , et al. . Modelling merging and fragmentation in multiphase flows with surfer [J]. J. Comp. Phys. , 1994, 113: 134~147.

[78]　Markatos, N. C. . Modeling of two-phase transient flow and combustion of granular propellants [J]. Int. J. Multiphase Flow, 1986, 12: 913~933.

[79]　胡影影, 朱克勤, 席葆树. 三维 VOF 方法—PLIC3D 算法研究 [J]. 力学季刊, 2003, 2: 238~248.

[80]　胡影影, 朱克勤, 席葆树. 翼型空化绕流数值研究 [J]. 力学季刊, 2004, 24 (4): 572~575.

[81]　Merkle C. L. , Feng J. , Buelow P. E. O. . Computational modeling of the dynamics of sheet cavitation [C]. In 3rd International Symposium on Cavitation, Grenoble, France, 1998.

[82]　Kunz R. F. , Boger D. A. , Chyczewski T. S. et al. Multi-phase CFD analysis of natural and ventilated cavitation about submerged bodies [C]. ASME FEDSM. San Francisco, USA, 1999, 99~7364.

[83]　Senocak I. . Computatuonal methodology for the simulation of turbulent cavitating flows [D]. PhD Dissertation, University of Florida, USA, 2002.

[84]　Delannoy Y. , Kueny J. L. Two phase flow approach in unsteady cavitation modeling

[C]. Cavitation and multiphase flow forum, ASME-FED. 1990, 98: 53~158.

[85] Hoeijmakers H. W. M. , Jasssens M. E. , Kwan W. Numerical simulation of sheet cavitation [C]. In 3rd International Symposium on Cavtiation, Grenoble, France, 1998.

[86] Chen Y. , Heister S. D.. Modeling hydrodynamic non-equilibrium in bubbly and cavitating flows [J]. J Fluids Eng, 1995, 118: 172~178.

[87] Shin B. R. , Iwata Y. , Ikohagi T.. Numerical simulation of unsteady cavitating flows using a homogenous equilibrium model [J]. Computational Mechanics, 2003, 30 (56): 338~395.

[88] Iga Y. , Nohmi M. , Goto A. , et al. Numerical study of sheet cavitation breakoff phenomenon on a cascade hydrofoil [J]. J. Fluids Engineering, 2003, 125 (4): 643~651.

[89] Iga Y. , Nohmi M. , Goto A. , et al. Numerical analysis of cavitation instabilities arising in the three-blade cascade [J]. J. Fluids Engineering, 2004, 126 (3): 419~429.

[90] Chen H. T. , Collins R.. Shock wave propagation past an ocean surface [J]. J Comput Phys, 1971, 7: 89~101.

[91] Coutier-Delgosha O. , Fortes-Patella R. , Reboud J. L.. Evaluation of the turbulence model influence on the numerical simulations of unsteady cavitation [J]. J. Fluids Engineering, 2003, 125 (1): 38~45.

[92] Coutier-Delgosha O. , Reboud J. L. , Delannoy. Numerical simulation of the unsteady behaviour of cavitating flows [J]. Int. J. Numer. Meth. Fluids. 2003, 42: 527~548.

[93] Knapp R. T. , Daily J. W. , Hammitt F. G. Cavitation. Mc graw hill. New York, 1970.

[94] Song C. C. S. , Qin Q.. Numerical simulation of unsteady cavitating flows [C]. Fourth international symposium on cavitation, California, 2001: CAV2001. Session B5. 004.

[95] Qin Q. , Song C. C. S. , Arndt R. E. A. A virtual single-phase nature cavitation model and its application to cav2003 hydrofoil [C]. Fifth International Symposium on Cavitation, Osaka, 2003: CAV2003. OS-1-004.

[96] Edwards J. R. , Franklin R. K. , Liou M. S.. Low-diffusion flux splitting methods for real fluid flows with phase transitions [J]. J. AIAA. 2000, 38 (9): 1624~1633.

[97] Ventikos Y. , Tzabiras G.. A numerical method for the simulation of steady and unsteady cavitating flows [J]. Computers and Fluids, 2000, 29 (1): 63~88.

[98] Kubota A. , Kato H. , Yamaguchi H. A new modelling of cavitating flows: a numerical study of unsteady cavitation on a hydrofoil section [J]. J. Fluid Mech. 1992, 240: 59~96.

[99] Bunnell R. A. , Heister S. D. Three-dimensional unsteady simulation of cavitating flows in injector passages [J]. Journal of Fluids Engineering, 2000, 122 (4):

791～797.

[100] Merkle C. L., Feng J., Buelow P. O. Computational modeling of the dynamics of sheet cavitation [C]. Third International Symposium on Cavitation, Grenoble, France, 1998: 307～313.

[101] Kunz R. F., Boger D. A., Chyczewski T. S., et al. Multi-phase CFD analysis of natural and ventilated cavitation about submerged bodies [C]. Third ASME/JSME Joint Fluids Engineering Conference. San Francisco, California, 1999: FEDSM99-7364.

[102] Singhal A. K., Vaidya N., Leonard A. D. Multi-dimensional simulation of cavitating flows using a PDF model for phase change [C]. ASME Fluids Engineering Division SummerMeeting, 1997, FEDSM97-3272.

[103] Senocak I. Computational methodology for the simulation of turbulent cavitating flows [D]. Phd Dissertation, University of Florida, USA, 2002.

[104] 魏海鹏, 郭凤美, 权晓波. 潜射导弹表面空化特性研究 [J]. 宇航学报, 2007, 28 (6): 1506～1509.

[105] 胡影影, 朱克勤, 席葆树. 半无限长柱体出水数值模拟 [J]. 清华大学学报 (自然科学版), 2002, 42 (2): 235～238.

[106] Li D., Sankaran V., Lindau J. W., et al. A unified computational formulation for multi-component and multi-phase flows. AIAA-2005-1391.

[107] 曹嘉怡, 鲁传敬, 李杰, 等. 潜射导弹水下垂直自抛发射过程研究 [J]. 水动力研究与进展 A 辑, 2006, 21 (6): 752～759.

[108] 刘筠乔, 鲁传敬, 李杰, 等. 导弹垂直发射出筒过程中通气空泡流研究 [J]. 水动力研究与进展 A 辑, 2007, 22 (5): 549～554.

[109] Kunz R. F., Boger D. A., Stinebring D. R., et al. A preconditioned navier-stokes method for two-phase flows with application to cavitation prediction [J]. Computer & fluids, 2000, 29: 849～875.

[110] Singhal A. K., Athavale M. M., Li H. Y., et al. Mathematical basis and validation of the full cavitation model [J]. J. Fluid Engineering, 2002, 124 (3): 617～624.

[111] Owis F. M., Nayfeh A. H. Computations of the compressible multiphase flow over the cavitating high-speed torpedo [J]. J. Fluids Engineering, 2003, 125 (3): 459～468.

[112] Yuan W. X., Schnerr G. H.. Numerical simulation of two-phase flow in injection nozzles: interaction of cavitation and external jet formation [J]. J. Fluids Engineering, 2003, 125 (6): 963～969.

[113] 倪火才. 潜载导弹水下发射技术的发展趋势分析 [J]. 舰载武器, 2001, 25 (1): 28～31.

[114] 程载斌, 刘玉标, 刘兆. 导弹水下潜射过程的流体-固体耦合仿真 [J]. 兵工学报, 2008, 29 (2): 178～183.

[115] 易淑群, 王宝寿, 马琳. 锥柱组合形体出水水流场理论研究 [C]. 第二十一届全国水

动力学研讨会暨第八届全国水动力学学术会议暨两岸船舶与海洋工程水动力学研讨会文集. 济南，2008，110～116.

[116] 刘乐华，张宇文，袁绪龙. 潜射导弹垂直出水流场数值研究 [J]. 弹箭与制导学报，2004，26（3）：183～185.

[117] 李杰，鲁传敬，傅惠萍. 细长回转体出水过程的数值模拟 [C]. 第二十一届全国水动力学研讨会暨第八届全国水动力学学术会议暨两岸船舶与海洋工程水动力学研讨会文集. 济南，2008，294～299.

[118] Hayder A. A，Yunus R. M.，Abdurahman N. H. Going against the flow—A review of non-additive means of drag reduction [J]. Journal of Industrial and Engineering Chemistry，2013，19：27～36.

[119] Murai Y.，Oishi Y.，Takeda Y.，Yamamoto F.. Turbulent shear stress profiles in a bubbly channel flow assessed by particle tracking velocimetry [J]. Exp. Fluids，2006，41（2）：343～54.

[120] Audrey Steinberger，Cécile Cottin-Bizonne. High friction on a bubble mattress [J]. Nature Materials，2007，6：665～668.

[121] McCormick M. E.，Battacharyya R.. Drag reduction of a submersible hull by lectrolysis [J]. Naval Engrs J.，1973，85：11-16.

[122] Migirenko，G. S. Evseev A. R. Turbulent boundary layer with gas saturation [C]. Problems of Thermo Physics and Physical Hydrodynamics，1974.

[123] Bogdevich V. G，Evseev A. R. Effect of gas saturation on wall turbulence [C]. Investigations of Boundary Layer Control，1976.

[124] Bogdevich V. G，Malyuga A. G. The distribution skin friction in a turbulent boundary of water beyond the location of gas injection [C]. Investigations of Boundary Layer Control，1976.

[125] Dbunischev Y，Evseev A. R，Sobolev V. S，Utkin E. N. Study of gas saturated turbulent streams using a Laser-Doppler Velocimeder [J]. J Appl Mech Tech Phys，16（1）：1975.

[126] Sanders W. C.，Winkel E. S.，Dowling D. R.，Perlin M.，Ceccio S. L. Bubble friction drag reduction in a high-Reynolds-number flat-plate turbulent boundary layer [J]. J. Fluid Mech，2006，552：353～80.

[127] Elbing B. R.，Winkel E. S.，Lay K. A.，Ceccio S. L.，Dowling D. R.，Perlin M.. Bubble-induced skin-friction drag reduction and the abrupt transition to air-layer drag reduction [J]. J. Fluid Mech，2008，612：201～23.

[128] Murai Y.，Fukuda H.，Oishi Y.，Kodama Y.，Yamamoto F.. Skin friction reduction by large air bubbles in a horizontal channel flow [J]. Int. J. Multiphase Flow.，2007，33：147～63.

[129] Takahashi T.，Kakugawa A.，Makino M.. Experimental study on scale effect of drag reduction by microbubbles using very large flat plate ships [J]. J. Kansai Soc. Nav.

Archit. Jpn. 2003，239：11～20.

[130]　蔡金琦. 船舶薄层气膜减阻节能装置系统 [J]. 航海科技动态，2012：28.

[131]　杨素珍，韩洪双，张铭歌. 滑行艇"导风垫气"减阻试验研究 [J]. 中国造船，1985，13：34～40.

[132]　林黎明，王家楣，詹德新. 平板微气泡减阻的数值模拟 [C]. 船舶与海洋工程研究专集，2001.

[133]　王家楣，曹春燕. 船舶微气泡减阻数值试验研究 [J]. 船海工程，2005：37～43.

[134]　吴乘胜，何术龙. 微气泡流的数值模拟及减阻机理分析 [J]. 船舶力学，2005：100～107.

[135]　Yoshiaki. Microbubbles as a skin friction reduction device-a midterm review of the research [J]. 2003：881～891.

[136]　Wang J. M.，Zhang L. Numerical calculation on the influence of the slot size of air injection on microbubbles drag reductionfor transitional craft [J]. Journal of ship Mechanics，2011，15 (6)：592～297.

[137]　郭峰，毕毅，操戈. 利用微气泡减小平板摩擦阻力的数值模拟 [J]. 海军工程大学学报，2008，20 (6)：50～54.

[138]　陈显文，孙江龙. 基于大涡模拟的槽道微气泡减阻数值模拟 [J]. 船海工程，2011，40 (6)：114-117.

[139]　李勇. 船舶微气泡减阻机理研究 [D]. 哈尔滨. 2011.

[140]　王炳亮. 船舶微气泡减阻数值模拟及机理研究 [D]. 哈尔滨：哈尔滨工程大学，2012.

[141]　Kunz R. F. Two fluid modeling of microbubble turbulent drag reduction [C]. ASME Conference Proceedings，2003 (36967)：609～618.

[142]　Kunz R. F.. Validation of two-fluid Eulerian CFD modeling for microbubble drag reduction across a wide range of Reynolds numbers [J]. Journal of Fluids Engineering-Transactions of the Asme，2007，129 (1)：66～79.

[143]　Mohanarangam K. Numerical simulation of micro-bubble drag reduction using population balance model [J]. Ocean Engineering，2009，36 (11)：863～872.

[144]　郭峰，董文才，毕毅回. 回转体微气泡减阻影响因素理论研究 [J]. 哈尔滨工程大学学报，2011，32 (11)：1443～1448.

[145]　蔡红玲，陈克强. 气泡减阻数值模拟 [J]. 交通科技，2008，4 (229)：112～114.

[146]　张艳，张大有. 高速双体船微气泡减阻试验研究 [C]. 第七届船舶力学学术委员会全体会议论文集，2008：341～344.

[147]　张郑. 低速肥大船型气幕减阻研究 [D]. 武汉：武汉理工大学，2010.

[148]　丁力. 微气泡减阻喷气参数换算关系研究. 武汉. 2013.

[149]　杨鹏. 气泡船三维粘性绕流的数值模拟. 武汉. 2008.

[150]　Kato H.，Kodama Y. Microbubbles as a skin friction reduction devices a midterm review of the research [C]. 4th International Symposium on Smart Control of Turbu-

lence，Tokyo，2003.

[151] Kumagai I.，Nakamura N.，Murai Y.. A new power-saving device for air bubble generation: hydrofoil air pump for ship drag reduction [C]. International conference on ship drag reduction，Istanbul，2010.

[152] Matveev K. I. Three-dimensional wave patterns in long air cavities on a horizontal plane [J]. Ocean Engineering，2007，34 (13): 1882~1891.

[153] Matveev K. I. Study of air-ventilated cavity under model hull on water surface [J]. Ocean Engineering. 2009，36 (12-13): 930~940.

[154] Madavan N. K.，Deutsch S.，Merkle C. L.. Reduction of turbulent skin friction by microbubbles [J]. Phys. Fluids，1984，27: 356~63.

[155] 宋保维，黄景泉. 微气泡降低平板阻力的研究 [J]. 水动力学研究与进展：A 辑，1989，4 (4): 105~114.

[156] 曹春燕. 船舶微气泡减阻数值模拟 [D]. 武汉：武汉理工大学，2003.

[157] Takahashi T.，Kakugawa A.，Nagaya S.. Mechanisms and scale effects of skin friction reduction by microbubbles [C]. Proc. Second Symp. Smart Control Turbul.，Univ. Tokyo，Japan，2001，1~9.

[158] Lahey R. T.，Drew D. A.. An analysis of two-phase flow and heat transfer using a multidimensional multi-field two-fluid computational fluid dynamics _ cfd _ model [C]. Japan/US Seminar on Two-Phase Flow Dynamics，Santa Barbara，California. 2004.

[159] Kawamura T.，Yoshiba H.. Numerical modelng of bubble distributions in horizontal bubbly channel flow [C]. Proceedings of the 5th international conference on multiphase flow，Yokohama，Japan，2004，54.

[160] Martinez-Bazan C.，Montanes J. L.，Lasheras J. C.. On the breakup of an air bubble injected into a fully developed turbulent flow. Part 1. Breakup frequency [C]. J. Fluid Mech.，1999，157~182.

[161] Tryggvason G.，Lu J.. DNS of drag reduction due to bubble injection into turbulent flow [C]. Proceedings of the 2nd International Symposium on Seawater Drag Reduction，Busan，Korea，May，2005.

[162] 王妍. 静水及波浪中船舶微气泡减阻数值模拟 [D]. 哈尔滨：哈尔滨工程大学，2013.

[163] Walsh M. J.. Turbulent boundary layer drags reduction using riblets [J]. AIAA，1982: 485~486

[164] Walsh M. J.. Ribkets as a Viscous Drag Reduction Technique [J]. AIAA，1983，21: 485~486.

[165] Walsh M. J.. Drag characteristics of V-groove and Aeronautics [J]. Vol. 72，AIAA，1980: 78~96.

[166] Berchert D. W.，Hoppe G.，Hoeven. J. G. TH van der，Mark R.. The Berlin oil channel for drag reduction research [J]. Experiment in Fluids，1992，12: 251~260.

[167]　Berchert D. W., Bruse M., Hage W., Hoeven J. G. TH van der, Hoppe G.. Experiments on drag-reducing surfaces and their optimization with an adjustable geometry [J]. J Fluid Mech, 1997, 338: 59~87.

[168]　李育斌, 乔志德, 王志岐. 运七飞机外表面沟纹膜减阻的实验研究 [J]. 气动实验与测量控制, 1995, 9 (3): 21~26.

[169]　宋保维, 袁潇, 胡海豹. 层流状态下超疏水表面流场建模与减阻特性仿真研究 [J]. 西北工业大学学报, 2012, 3 (5): 712~716.

[170]　石秀华, 宋保维, 包云平. 条纹薄膜减小湍流阻力的实验研究 [J]. 水动力研究与进展, 1996, 11 (5): 546~552.

[171]　傅慧萍, 石秀华, 乔志德. 条纹薄膜减阻特性的数值分析 [J]. 西北工业大学学报, 1999, 17 (1): 19~24.

[172]　王柯. 水下条纹沟槽表面减阻特性研究 [D]. 西安: 西北工业大学, 2006: 1~20.

[173]　王晋军, 李亚臣. 沟槽面三角翼减阻特性实验研究 [J]. 空气动力学学报, 2001, 19 (3): 283~287.

[174]　王晋军, 兰世隆, 苗福友. 沟槽面湍流边界层减阻特性研究 [J]. 中国造船, 2001, 42 (4): 1~4.

[175]　宫武旗, 李新宏, 黄淑娟. 沟槽面减阻机理实验研究 [J]. 工程热物理学报, 2002, 23 (5): 579~582.

[176]　郭晓娟. 脊状表面减阻特性及其结构优化设计研究 [D]. 西安: 西北工业大学, 2007: 35~83.

[177]　傅慧萍. 条纹薄膜减阻降噪的理论研究 [D]. 西安: 西北工业大学, 1996.

[178]　胡海豹. 条纹沟槽表面减阻理论计算及实验研究 [D]. 西安: 西北工业大学, 2004.

[179]　Pope S. B.. Turbulent Flows [M]. Cambridge university press, Cambridge, UK, 2000.

[180]　Rollet-Miet P., Laurence D., Ferziger J.. LES and RANS of turbulent flow in tube bundles [J]. International Journal of Heat and Fluid Flow, 1999, 20 (3): 241~254.

[181]　Coutier-Delgosha O., Fortes-Patella R., Rebound J. L.. Evaluation of the turbulence model influence on the numerical simulation of unsteady cavitation [J]. J Fluids Eng., 2003, 125: 38~45.

[182]　Wu J., Utturkar Y, Senocak I., et al. Impact of turbulence and compressibility modeling on three-dimensional cavitating flow comput-ations [C]. AIAA 33rd Fluid Dynamic Conference, 2003, 2003~4264.

[183]　Jones W. P. Launder B. E.. The prediction of laminarization with a two-equation model of turbulence [J]. J. Heat Mass Tran, 1972, 15: 301~314.

[184]　Yakhot V., Orzag S. A.. Renormalization group analysis of turbulence I. basic theory [J]. J Scient Comput, 1986, 1: 3~11.

[185]　Coutier-Delgosha O., Reboud J. L., Delannoy. Numerical simulation of the unsteady behaviour of cavitating flows [J]. Int J Numer Meth Fluids, 2003, 42: 527~548.

[186]　Reboud J. L., Stutz B., Coutier O.. Two phase flow structure of cavitation: experi-

ment and modelling of unsteady effects [C]. Proc 3rd Int. Symp. on Cavitation, Grenoble, France, 1998.

[187] Edwards J. R., Franklin R. K., Liou M. S.. Low-diffusion flux-splitting methods for real fluid flows with phase transitions [J]. AIAA J., 2000, 38 (9): 1624~1633.

[188] Launder B. E., Spalding D. B.. The numerical computation of turbulent flows [J]. Computer Methods in Applied Mechanics and Engineering, 1974, 3: 269~289.

[189] Esieman P. R., Erlebacher. Grid generation for the solution of partial differential e-quations [J]. NASA Langley Research Center, Hampton, VA. 1987: 87~57.

[190] Rouse H., McNown J. S. . Cavitation and pressure distribution, head forms at zero angle of yaw [J]. Studies in Engineering, State University of Iowa, 1948: Bulletin 32.

[191] 韩占忠，王敬，兰小平. FLUENT 流体工程仿真计算实例与应用 [M]. 北京：北京理工大学出版社，2004.

[192] 郝继光，姜毅，韩书永，等. 一种新的动网格更新技术及其应用 [M]. 弹道学报，2007, 19 (2): 88~92.

[193] Abelson, H. I.. Pressure measurements in water-Entry cavity [J]. J. Fluid Mech., 1970, 44: 129~144.

[194] Shi H. H., Motoyuki I. Takuya. T., Optical observation of the supercavitation in-duced by high-speed water entry [C]. Transactions of the ASME 122 (2000): 806~810.

[195] Waugh J. G., Stubstad G. W.. 水弹道学模拟 [M]. 北京：国防工业出版社，1979.

[196] Michael Dean Neaves, Jack R. Edwards. Hypervelocity underwater projectile calcula-tions using a preconditioning algorithm [C]. 41st Aerospace Sciences Meeting and Ex-hibit, Reno, Nevada, 2003: 6~9.

[197] Parishev E. V.. Pulsations of vertical cavities in ponderous fluid [J]. Uch. Zap. TsAGI, 1981, 12 (3): 1~9. [in Russian].

[198] Epshtein L. A.. Methods of theory of dimensionality and similarity in problems of ship hydromechanics [J]. Sudostroenie Publishing House, Leningrad, 1970. [in Russian].

[199] Semenenko. V. N. Dynamic processes of supercavitation and computer simulation [J]. VKI Special Course on Supercavitating Flows, Brussels: RTOAVT and VKI, 2001. RTO-EN-010.

[200] Paryshev E. V.. Theoretical investigation of stability and pulsations of axially sym-metric cavities [J]. Trudy TsAGI, 1978, No. 1907, 17~40. [in Russian].

[201] Savchenko Y. N., Semenko Y. A., Putilin S. I. Some problems of the supercavi-tating motion management [C]. Sixth International Symposium on Cavitation, Wa-geningen, Nethelands. 2006, CAV2006~15.